더 오래, 더 깨끗하게, 더 편리하게 **신재생에너지**

| 발간에 부쳐 |

21세기로 접어들면서 인류는 유사 이래 그 어느 때보다도 격렬한 기술 발전을 경험하고 있습니다. 공학기술은 인류의 미래에 무한한 가능성을 열어주고 있지만 핵폭탄, 환경오염에 따른 생태 파괴, 합성물질의 위협에서 보듯 자칫 인류의 생존을 위협할 수도 있습니다.

'청소년을 위한 미래과학 교과서' 시리즈는 청소년이 공학 분야를 쉽고 흥미롭게 이해하고 기술문명이 가져올 미래의 변화에 대해 고민할 수 있게 함으로써 더욱더 풍성한 21세기 과학한국의 미래를 열기 위한 기획입니다. 실제 우리의 삶에 가장 밀접하게 존재함에도 불구하고 낯설고 멀게만 느껴졌던 공학을 편안하고 가깝게 느끼도록 하는 것이 발간의 목적입니다. 우리의 미래생활을 위한 비전북이 되기를 희망합니다.

이 시리즈는 지식경제부의 지원을 받아 **NAEK** 한국공학한림원과 김영사가 발간합니다.

청소년을 위한 미래과학 교과서 7
더 오래, 더 깨끗하게, 더 편리하게 **신재생에너지**

지음_ 손재익·강용혁

1판 1쇄 발행_ 2009. 10. 16.
1판 9쇄 발행_ 2024. 8. 26.

발행처_ 김영사
발행인_ 박강휘

등록번호_ 제406-2003-036호
등록일자_ 1979. 5. 17.

경기도 파주시 문발로 197(문발동) 우편번호 10881
마케팅부 031)955-3100, 편집부 031)955-3200, 팩스 031)955-3111

값은 뒤표지에 있습니다.
ISBN 978-89-349-3544-5 03500

홈페이지_ www.gimmyoung.com   블로그_ blog.naver.com/gybook
인스타그램_ instagram.com/gimmyoung   이메일_ bestbook@gimmyoung.com

좋은 독자가 좋은 책을 만듭니다.
김영사는 독자 여러분의 의견에 항상 귀 기울이고 있습니다.

더 오래, 더 깨끗하게, 더 편리하게

신재생에너지

손재익 · 강용혁 지음

김영사

　최근 국제적 화두인 지구온난화에 따른 온실가스 저감, 석유 고갈에 대비한 에너지 자원 확보, 지구 환경 보존을 위한 지속 가능 경제 성장, 그리고 국내 최대 현안인 녹색성장의 한가운데에는 신재생에너지가 자리 잡고 있다. 아직은 경제성이 미약하나 미래에는 피할 수 없는 우리의 선택이다.

　신재생에너지는 핵심 원천 기술의 확보가 성패를 좌우할 것이다. 이미 선진국 간의 기술 경쟁이 치열하게 진행되고는 있으나 아직도 초보 단계에 있는 분야가 많다. 따라서 장기적으로 적절한 투자와 인력이 확보된다면 충분히 따라잡을 수 있는 분야다. 이 부분이 자원이 전무한 우리나라가 신재생에너지에 미래 지속 가능 경제 성장을 위한 국가 에너지 확보에 국가의 명운을 걸고 관심을 가져야 할 이유다.

　신재생에너지는 교토의정서 등 국제 환경 규제에 대비할 수 있는 청정에너지이자 지속 가능 발전을 견인할 기술 주도형 미래 에너지원으로서 이미 태양광, 풍력 등 분야는 IT, BT의 시장 규모를 뛰어넘어 지난 5년간 평균 성장률이 30퍼센트 이상 되고 있어 고도성장이 예상되는 미래 신성장 동력 산업이다.

산업혁명 이후 화석에너지를 기반으로 성장해온 현재 사회는 환경 친화적 지속 가능한 사회로의 에너지 패러다임이 전환하고 있으며 "기술력 확보가 에너지 확보"로 이어지는 신재생에너지 분야의 산업화야말로 녹색성장을 견인할 확실한 해결 방안이라 할 수 있다.

이와 같은 신재생에너지로의 새로운 에너지 패러다임 변화의 시기에 일반인뿐만 아니라 꿈과 비전을 가진 청소년들에게 미래 에너지에 대한 새로운 고찰의 기회를 가질 수 있도록 기회를 제공해주신 한국공학한림원과 김영사에 감사드리며 이 책을 통해 실제 우리 삶과 가장 밀접하게 존재함에도 불구하고 멀게만 느껴지던 태양에너지, 수력, 풍력 등 신재생에너지가 대중들에게 가깝게 느껴지는 계기가 되었으면 한다.

마지막으로 원고 작성 과정에 격려와 지원을 아끼지 않으신 한국에너지기술연구원의 한문희 원장님을 비롯한 윤경훈 박사님, 유권종 박사님(태양광), 윤왕래 박사님, 서동주 박사님(수소), 이원용 박사님(연료 전지), 백남춘 박사님, 김종규 박사님, 조수 박사님(태양열), 장문석 박사님(풍력), 박완순 박사님(수력), 이진석 박사님(바이오매스), 장기창 박사님(지열), 김광득 박사님(해양), 김학주 박사님(CTL), 백일현 박사님, 박정훈 박사님(CCS), 서유택 박사님(가스 하이드레이트), 배기광 박사님(원자력), 문승현 박사님(기후변화 국제 협약 및 CDM), 윤창열 연구원(신재생에너지 동향) 등 모든 분들께 깊이 감사드린다.

차례

왜 신재생에너지인가?

석유가 중요한 연료가 된 이후부터 많은 이들은 과연 우리가 얼마나 오래 석유를 사용할 수 있을까를 고민하기 시작했다. 선정적인 미디어부터 진지한 학계까지 과연 유한한 화석 연료인 석유를 인류가 얼마나 오랫동안 사용할 수 있는 것인가 궁금해하기 시작했다. 이런 궁금증을 단적으로 표시해주는 것이 가채연수다. 이것은 확인매장량(Reserve)을 연간 생산량(Production)으로 나눈 숫자인데 일반적으로 얼마나 오랫동안 석유를 사용할 수 있는가를 표시해준다. BP(British Petroleum) 사의 통계에 따르면, 세계 석유 확인매장량은 2007년 말 현재 1조 2379억 배럴로서, 가채연수는 42년 정도로 평가되고 있다. 2050년쯤 되면 석유는 바닥난다는 이야기다. 또한 이 매장량의 61퍼센트가 중동 지역에 집중되어 있으며, 전 세계 석유 소비량의 46퍼센트를 점유하는 5대 소비국인 중국,

미국, 일본, 독일, 러시아 등이 보유한 석유 매장량은 10퍼센트에 불과하다. 석유의 보유와 소비의 불균형, 이것은 세계 경제와 정치의 흐름을 좌우하는 근본적인 원인 중 하나이기도 하다. 거기에다 이제 석유를 더 생산할 수 없는 날이 다가오고 있다는 명시적인 사실은 석유를 둘러싼 다양한 국제적 문제를 발생하게 하고 있다.

그러나 모든 다른 문제처럼 석유에 관한 이런 수치적 사실이 곧 변함없는 진실은 아니다. 우리나라 중학교 교과서에도 앞으로 40년 후면 석유는 바닥날 것이라고 서술되어 있다. 공식적 의미의 가채연수로 말한다면 이것은 사실이다. 그러나 이 사실을 부정하는 사람들도 있다. 일부 전문가들은 앞으로 최소한 400년 동안은 석유가 고갈되지 않을 것이라고도 주장한다. 근거가 있다. 가채연수를 규정하는 확인매장량이라는 것이 기술 발전과 개발에 따라 지속적으로 확장되고 있다는 것이 이들 주장의 핵심인데, 사실 지난 40여 년 동안 발표된 가채연수는 항상 30~40년 정도였던 것이다. 1972년의 가채연수는 30년이었는데 지금은 오히려 10년 정도 더 늘어난 것이다.

1972년 기준이라면 이미 석유는 완전 고갈되어야 마땅하지만, 아직도 40년이 남아 있는 이유는 가채연수가 표시하는 확인매장량의 증가 때문이다. 탐사 기술과 채굴 기술의 발전으로 새로운 유전들이 계속 개발되어왔고, 지금도 계속 새로운 유전들이 발견되거나 개발되고 있기 때문이다. 석유 고갈에 대한 우려는 이미 1930년대부터 제기되었으나 석유종말론의 상황은 그때나 지금이나 큰 차이가 없다. 지구가 과연 언제까지 인간에게 석

석유 매장량은
많이 남아 있나?

직 30~40년은
충분해!

유를 허락할 것인가는 지금도 계속되고 있는 질문이다.

석유를 비롯한 자원 고갈 문제에 대한 대표적인 주장으로는 로마클럽의 보고서가 있다. 로마클럽은 1968년 이탈리아의 실업가 아우렐리오 페체이(Aurelio Peccei, 1908~1984)를 중심으로 결성된 국제적인 연구단체다. 이들은 전 지구적 관점에서 인류가 직면하는 자원, 환경, 문화 등 모든 문제에 관한 연구와 보고, 계몽 활동을 해왔다. 로마클럽을 일약 유명하게 한 것은 1972년에 발표된 「성장의 한계(The Limits to Growth)」라는 보고서로, 시기적으로 세계적인 환경 문제에 대한 자각이 높아졌기 때문에 지금도 자원, 식량, 환경의 면에서 성장의 한계가 나타난다고 하는 절박감을 증폭시켰다.

이 보고서가 발표되고 1년이 지나서 전 세계적인 1차 오일쇼크가 왔다. '지구 자원은 유한하고 이 상태로 간다면 30년이 안되어 고갈되고 만다'는 명시적인 보고서의 표현은 이후 록펠러가 지원하는 것으로 알려진 이 로마클럽이 결국은 부당하고 거대한 경제적 이득을 위해, 오일쇼크를 의도적으로 유도한 것이 아니냐는 음모론이 대두되기도 했다. 오늘날 발표되는 석유 가채연수가 여전히 40년인 것을 보면 이 음모론이 근거가 아주 없는 것도 아니다.

이처럼 석유 고갈론과 이와 맞물리는 대체에너지 개발의 문제는 여전히 논쟁적이다. 더구나 대부분의 대체에너지가 1차 에너지가 아니라 화석에너지를 부분적으로라도 사용해야 하는 2차 에너지인 경우가 많다는 점은 극단적으로 대체에너지 무용론까지 나아가는 경우도 있는 형편이다. 이미 충분히 생산 노하우를 갖춘 화석 연료의 개발을 백안시하고 대체에너지 개발에 무비판적으로 몰두하는 것이 환경 파괴와 오염에 더 큰 해악이 될 것이라는 주장까지 나오고 있다.

　이러한 논쟁에도 불구하고 근본적으로 분명한 것은 화석 연료는 '무한하지 않다'는 것이다. 그것이 2차든 3차든 간에 대체에너지는 궁극적으로 필요할 것이며, 100년 후가 되든 200년 후가 되든 지배적인 에너지원이 될 날은 올 것이라는 점이다. 그리고 오늘 당장이라도 효과적인 대체에너지 논의가 필요한 것은 앞서 말한 에너지 자원의 불균등한 지역적 편재 때문에 발생하는 정치적·경제적 문제를 생각하지 않을 수 없기 때문이다. 석유의 60퍼센트를 독점하고 있는 중동과 80퍼센트 이상의 공급량을 결정하는 석유수출국기구(OPEC)는 세계 경제의 근본을 좌우할 수 있는 힘을 가지게 된다. 석유를 둘러싼 분쟁과 국지전은 항상 진행 중이고 석유 개발권 확보 경쟁은 전쟁을 방불케 하는 상황이다. 석유 소비를 줄이고 에너지 소비의 효율성과 다양성을 추구하기 위한 노력은 계속되어야 하며, 대체에너지 개발을 위한 연구도 지속적으로 추진되어야 할 것이다.

　화석 연료의 유한성과 지역적 제한성으로 인해, 전 세계는 향후 에너지 확보에 따른 정치적·경제적 급격한 변화를 겪을 수밖에 없을 것이다. 그러나 새로운 대안인 신재생에너지는 분산형 에너지 체계를 구성하면서 기술력만 확보하면 에너지 자원을 확보할 수 있기 때문에, 기존 에너지 자원의 정치적·경제적 문제를 단숨에 극복할 수 있는 기회를 제공할 수 있다는 것이다.

그렇다면 우리가 말하는 대체에너지, 즉 신재생에너지란 무엇인가?

신재생에너지의 정의는 각 국가별로 조금씩 달리하는데, 한국의 경우는 석유, 석탄, 원자력 또는 천연가스가 아닌 에너지를 말하며, 신재생에너지법 제2조에 규정하고 있다. 재생에너지 8개 분야(태양광, 태양열, 바이오, 풍력, 수력, 해양, 폐기물, 지열)와 신에너지 3개 분야(연료전지, 석탄액화가스화, 수소에너지)가 여기에 속한다. 재생에너지는 그 기술과 최종 에너지의 형태에 따라 태양열, 태양광 발전, 풍력 발전, 소수력 발전, 폐기물 소각열 및 발전, 바이오매스에너지(바이오 가스, 가스화발전, 바이오 연료), 지열에너지, 해양에너지 등 여러 가지로 나눌 수 있지만, 1차 에너지원인 태양(빛, 열), 바람, 물, 바다의 자연에너지원을 이용하여 청정한 에너지를 얻는 것이므로 자원의 부존량은 거의 무한대다.

한편 미국은 태양에너지 및 바이오 연료 실용화를 위해 '100만 호 태양에너지(태양광, 태양열) 지붕 프로그램(million solar roof program)'과 수송용 바이오 연료 생산 기술 개발 추진에 주력하고 있다. 수소 연료전지의 세계 주도권을 선점하기 위해 '수소 연료전지 강국 건설'을 선언(2003, 대통령 연두교서)하고 수소 제조·인프라 12억 달러, 연료전지차 5억 달러 등 총 17억 달러를 투자하고 있다. 미국이 주도하여 독일, 일본 등 15개국이 참여 중인 수소 연료전지 분야 최대 국제협력 채널인 수소경제국제파트너십(IPHE, 2003) 등은 세계 주도권 선점을 위해 주력하고 있다.

일본은 태양광 분야 주도권 유지에 과감한 투자를 하고 있으며, 2010

년까지 원전(1,000MW급) 5기에 해당하는 약 4,820메가와트(MW)의 태양광 설비를 보급하고, 세계 설비 시장의 50퍼센트 이상 점유를 목표로 하고 있다. 연료전지는 2010년까지 자동차 5만 대, 가정·상업용 약 220만킬로와트(kW) 등을 보급할 예정이다. 한편 중국은 막대한 자국 시장 수요에 맞춰 발전 분야 보급 목표를 2020년에 전체 발전의 10퍼센트를 재생에너지로 대체하고 열에너지 보급 목표도 400MTCE로 국가개발계획을 수립했다. EU는 2010년까지 신재생에너지를 총 에너지 소비의 12퍼센트, 총 발전량의 22퍼센트까지 보급한다는 전체 목표 아래 역내 국가의 신재생에너지 개발을 추진 중이다.

1988년 본격적으로 시작한 국내 신재생에너지 기술 개발은 1997년 1월에 이용·보급을 확대하기 위한 제1차 신재생에너지 기술 개발 및 이용 보급 기본 계획을 수립하여 2006년 기준 1차 에너지의 2퍼센트를 신재생에너지로 공급하겠다고 계획을 수립했고, 2002년 12월에 제2차 국가 에너지 기본 계획을 수립하면서 에너지 상황 변화를 고려하여 신재생에너지 개발 및 보급 목표를 2006년에 3퍼센트, 2011년에 5퍼센트로 설정하여 2003년 제2차 신재생에너지 기술 개발 및 이용 보급 기본 계획을 수립하여 현재 추진 중이다.

재생에너지 중 자연에너지는 모두 태양에너지로부터 출발하며, 그 잠재량은 어마어마하다. 당연한 얘기지만 전 인류의 삶이 여기에 달려 있다 해도 과언이 아니다. 예를 들어 이론적으로 보면, 전 세계 사막의 1퍼센트 면적에서 태양열로 발전을 한다면 전 세계에 필요한 전기를 지금 당장이라도 충족시킬 수 있다.

산업혁명 이후 인위적으로 끊어온 자연계 순환 파괴로 인한 오염된 현재 사회를 환경친화적 지속 가능한 사회로 전환하기 위해서는 지구의 생태 환경을 유지시키면서 생활과 자연이 조화를 이루도록 하고, 재생 가능한 자연에너지의 이용을 적극적으로 극대화시켜야 한다.

미국을 주축으로 추진되고 있는 수소 경제의 개념도 최종적인 에너지는 신재생에너지다. 현재 수소 생산은 화석 연료로부터 얻고 있으며, 원자력도 그 최종 대안이 될 수는 없는 형편이다. 지구상에 가장 많이 존재하는 물로부터 수소를 얻을 수 있는 것이 사실이지만, 전기나 열로 분해하여 얻을 수 있으며, 전기 분해에 사용되는 전기를 신재생에너지로부터 얻거나 열분해의 경우 초고온 태양열만이 가능하다. 현재의 기술로 그 경제성을 확보하기에는 어려움이 있어 집중적인 첨단 요소 및 기술 개발이 이루어지고 있다. 또 다른 예로 현재 자동차 분야에서 연료전지 자동차, 수소 자동차, 바이오 연료 자동차 그리고 전기 자동차 등이 각축을 벌이고 있지만 최종적으로 신재생에너지에 의한 연료 생산이 해결책을 가지고 있다고 볼 수 있다.

기존 화석에너지와의 에너지믹스를 허용하면서 미래의 에너지 체계를 어떤 형태의 에너지가 주력이 될 것인가를 놓고 신재생에너지는 핵융합 기술 등과 같은 다양한 대안들과 현재 기술 경쟁을 하고 있다. 앞에서 언급했듯이 '기술력 확보가 에너지 확보'로 이어지는 신재생에너지 분야는 확실한 인류의 에너지 해결 방안 중 하나다.

　현재 신재생에너지를 기존 화석에너지를 기반으로 하는 에너지 체계에 무리하게 접목하려는 시도는 빨리 벗어버려야 한다. 신재생에너지의 가장 큰 특징은 분산형 에너지이기 때문이다. 기존 에너지 체제하에서는 모든 사람이 단지 에너지 소비자일 뿐이지만, 신재생에너지를 기반으로 하는 미래 에너지 체제는 모든 사람이 에너지 소비자인 동시에 생산자가 되는 것이다. 에너지 유비쿼터스가 궁극적으로는 신재생에너지를 통해 가능할 것이라는 전망이다. 이와 같은 새로운 에너지 패러다임은 정치, 경제, 산업 분야에 산업혁명보다 더 큰 사회적 변화를 유도하게 될 것이다. 이러한 패러다임의 변화를 전제로 하지 않는 신재생에너지 논의는 사실 의미 없다고 할 수 있다.

1

석유의 영향력에서 벗어나라

1. 미국은 왜 이라크를 침공했을까?
2. 석유의 역사는 현대문명의 역사다
3. 석유를 대체할 수 있는 에너지 어디 없을까?

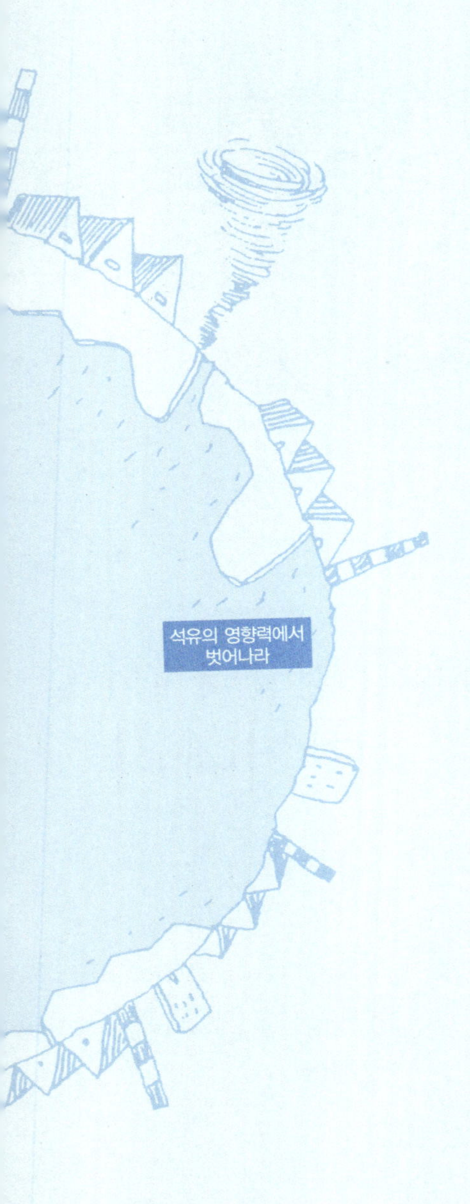
석유의 영향력에서
벗어나라

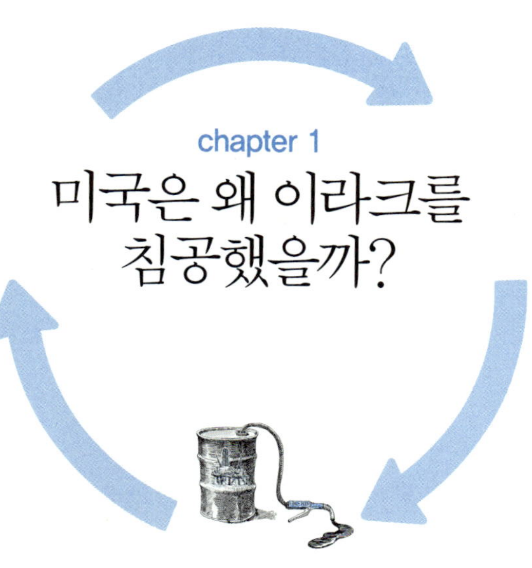

미국은 왜 이라크를
침공했을까?

오늘날 석유는 여전히 에너지원 이상의 의미를 가진다. 우리가 가시적으로 확인할 수 있는 자동차 연료의 소비뿐 아니라 다양한 분야에서 석유를 기초로 한 제품들을 사용하고 있다. 신문 잉크에서 페인트 도료까지, 의류에서 화장품까지 다양한 일상용품들의 근본에는 석유가 있다. 우리가 가장 흔하게 접하는 플라스틱 제품들은 모두 석유로 만들어낸 것이다. 석유화학 섬유인 나일론이 개발되지 않았다면 여전히 면을 비롯한 자연 섬유만으로 살아야 했을 것이며, 유한한 자연 섬유를 놓고 벌이는 전쟁도 지금의 석유 쟁탈전에 비할 바 아니었을 터이다. 다이아몬드를 두고 벌어지는 서아프리카의 학살극이나 후추를 둘러싼 전쟁을 상기해 보면 옷감 정도의 필수품이라면 당연히 끔찍한 전쟁을 동반했을 터이다. 그뿐이 아니다. 석유를 원료로 하는 화학 비료가 없었다면 우리의 식탁은 지금처럼 풍성할 수 없을 것이며, 유기화학에 의한 최초의 합성 의약품인 아스피린이 없었다면 질병에 대한 인간의 의학은 전혀 다른 방향으로 발전했을지 모른다. 이처럼 현대 사회에서 석유는 에너지원으로서만이 아니라 우리의 일상 전체를 장악하는 근본이라고 해도 무리가 아니다. 다시 말하지만, 석유는 현대 사회의 국가 간 근본적인 불평등과 불균형의 문제, 그리고 분쟁을 촉발하는 가장 핵심적인 원인이다. 이러한 현대사회의 만능 자원 석유를 둘러싸고 전쟁은 수도 없이 벌어졌다. 표면상 다른 이유를 내걸었다고 해도 실상은 석유 전쟁이었던 것이 한둘이 아니다. 우리가 확인할 수 있었던 가장 최근 벌어진 노골적인 석유 전쟁은 2002년 미국의 이라크 침공이다.

이라크는 1980년대 말까지 미국의 절대적인 우방이었다. 특히 1980년부터 1988년까지 이란과 전쟁을 벌일 때 이라크는 미국의 지원이 없었으면 아마도 전쟁에 크게 패배했을 것이다. 그러나 이란 역시 1970년대 말까지 미국의 우방이었다. 부패한 팔레비 왕정이 1979년 혁명에 의해 무너지면서 미국과 이란은 원수로 변했다. 이라크의 사담 후세인(Saddam Hussein, 1937~2006)이 이란의 혁명 세력과 갈등하고 전쟁을 시도하자, 미국은 후세인을 전폭적으로 지지했다. 이라크와의 전쟁을 앞장서서 주장했던 전 국방장관 럼스펠드(Donald H. Rumsfeld, 1932~)는 1983년 레이건(Ronald Reagan, 1911~2004) 대통령의 특사로 바그다드를 방문했다. 이후 미국은 이라크에게 이란군의 배치 상황을 보여주는 위성사진들을 포함한 군사 정보 및 각종 무기들과 함께 경제적 지원을 아끼지 않았다. 더욱 충격적인 것은 미국이 생화학 무기를 만드는 데 쓰이는 몇 가지 세

균까지 지원했다는 사실이다. 이라크군이 이란군에게 생화학 무기를 사용하자 1986년 당시 유엔 사무총장은 이라크를 공개적으로 비난했지만 미국은 모른 척했다. 1987년, 미국은 이라크 석유를 이란의 폭격으로부터 보호하기 위해 구축함을 페르시아 만에 보냈는데 이라크 미사일의 오폭을 당하는 엄청난 사건이 발생했다. 후세인은 즉시 '실수'라며 사과했고, 미국은 37명의 미군이 사망했음에도 불구하고 믿기지 않을 만큼 너그럽게 양해했다. 오히려 이란의 유조선들을 폭파하고 초계정들을 공격했다. 1988년에는 미군함이 이란의 여객기를 '실수로' 폭격 290명의 민간인들이 희생되었다. 이후 이란은 이라크와의 전쟁을 포기했다.

이런 비상식적이고 비합리적인 일이 왜 일어났을까? 이란의 팔레비 왕정을 무너뜨린 혁명 세력은 극렬한 반미 세력이었다. 부패한 왕정의 친미적 행태에 저항한 세력이었으므로 당연했다. 혁명 세력은 이란 내 석유에 대한 미국의 권리를 차단했다. 미국이 이란을 옹호했던 원인이 무효가 되는 순간이었다. 이라크는 세계 제2위의 석유 매장량을 가진 나라였다. 이란과 대립각을 세우는 이라크는 미국에게는 완벽한 우방의 조건을 갖춘 것이었다.

1988년 이란·이라크 전쟁이 끝나자 미국의 거물 정치인들과 경제인들이 이라크와 각종 계약을 맺기 위해 바그다드를 찾았다. 전쟁에서 이기기는 했지만 엄청난 피해를 겪은 터여서 전후 복구가 필요한 것은 당연했다. 이때 미국이 내걸었던 투자 조건의 하나가 이라크 석유 산업의 민영화였다. 그러나 나라 경제가 어렵다고 석유 산업을 미국 회사들에게 헐값으로 넘길 수는 없었다. 후세인은 미국의 요구를 거부했다. 사태가

함부로
손대지 마라
다친다

이렇게 되자 미국의 보복이 곧 뒤따랐다. 이라크에게 수십억 달러를 빌려주기로 한 약속을 지키지 않은 것이다. 그리고 1990년부터 이라크의 석유 수출을 방해하기 시작했다. 쿠웨이트가 석유수출국기구의 합의를 깨고 석유 수출을 갑자기 늘린 것이다. 석유 값이 떨어져 큰 손해를 보게 된 이라크를 비롯한 석유 수출국들이 쿠웨이트의 배반을 비난했지만 쿠웨이트는 요지부동이었다. 그들의 협상 제안마저 거부했다. 일련의 과정에 미국의 압박이 개입했다는 것이 정설이다. 그러나 후세인은 미국이 원하는 대로 응하지 않았다. 석유 산업을 미국의 회사들에게 넘기지 않음으로써 오늘날의 악연의 단초를 제공한 것이다.

이라크 석유에 대한 부시 행정부의 관심은 일명 '체니 보고서'라고 알려진 「국가 에너지 정책(National Energy Policy)」(2001)에 잘 나타나 있다. 체니(Richard Bruce Cheney, 1941~) 전 부통령은 석유 회사의 최고 경영자를 지낸 사람으로 미국의 에너지 정책을 종합적으로 다듬었는데, 그 보고서는 "에너지 안보를 무역 정책과 대외 정책의 최우선 사항으로 삼을 것"을 권하고 있다. 또한 미국의 현재 석유 생산은 30년 전에 비해 39퍼센트나 줄었지만 앞으로 20년간 석유 소비는 33퍼센트나 늘어날 것이라는 예상 아래 장기 전략에 따른 석유 확보가 필수적이라며, "군사 작전을 포함해 이라크에 대해 즉각적인 정책 검토를 수행해야 한다"고 밝히고 있다. 참고로 체니 전 부통령만 석유 회사의 중역 출신이 아니다. 부시(George Walker Bush, 1946~) 전 대통령 역시 석유 회사 사장을 지냈고, 라이스(Condoleezza Rice, 1954~) 전 국무장관은 석유 회사 이사를 지냈다. 부시 행정부의 최고위 관리 100명이 석유 산업에 개인적으로 투자하고 있는 액수가 1억 5천만 달러 이상이라는 이야기도 있었다.

세계에서 석유가 가장 많이 묻혀 있는 나라는 사우디아라비아와 이라크지만, 석유를 가장 많이 수출하는 나라는 아직 미국이다. 사우디아라비아의 매장량은 약 2,640억 배럴, 이라크의 매장량은 약 1,120억 배럴, 미국의 매장량은 약 220억 배럴로 알려져 있는데, 세계에서 석유를 가장 많이 쓰는 나라 역시 미국으로 현재 석유 소비량의 약 60퍼센트를 수입하고 있다. 한편 30년 전에는 미국계 석유 회사들이 세계 석유 시장을 거의 독점했지만 이제는 약 20퍼센트 수준으로 떨어졌다. 미국 석유 회사들의 돈벌이에 빨간 불이 켜지기 시작했다는 뜻인데, 이 어려움에서 벗어나기 위한 가장 쉬운 방법이 후세인을 몰아내는 것이었다. 후세인이 지난 1990년대부터 러시아, 프랑스, 중국 등의 석유 회사들과 유전 개발 계약을 맺고 있는데 미국으로서는 이를 지켜보고만 있을 수는 없는 일이었다. 이라크는 세계에서 두 번째로 많은 석유 매장량을 갖고 있지만, 기술과 장비 부족으로 땅속에 묻혀 있는 석유를 제대로 퍼올리지도 못할 뿐만 아니라 퍼올린 석유를 유엔의 경제 제재 때문에 제대로 팔지도 못하고 있다. 식량 구입을 위해 연간 120억 달러 정도를 수출하거나, 국경을 접하고 있는 시리아, 요르단, 터키 등을 통해 밀수출로 푼돈을 벌어들이는 정도였던 것이다.

하지만 유엔의 경제 제재 때문에 선진국들이 이라크의 석유 개발에 착수할 수 없음에도 계약 경쟁은 치열하게 이루어져왔다. 그중 지금까지 가장 앞선 나라가 러시아였다. 예를 들어, 러시아의 한 석유 회사는 1997년 35억 달러짜리 유전 개발 계약을 따냈으며, 6~7개의 다른 석유 회사들도 좀 더 작은 규모의 유전 개발 계약을 맺었다. 1970년대부터 이라크와 친선 관계를 유지해온 프랑스도 많은 계약을 맺어왔으며 2000년 초까지 새로운 계약을 협상하고 있었다. 미국은 이라크 대신 사우디아라비아와 지난 30여 년간 긴밀한 관계를 유지함으로서 석유 수급에 안정을 꾀하고 있었으나, 9·11 이후 사우디아라비아가 알카에다와 직·간접적인 관계를 가지고 지원했다는 정황이 드러나면서 점점 관계가 어려워지고 있는 상황이다. 사우디아라비아는 팔레스타인 해방을 지지하면서 이스라엘에 반대하는 등 사실 미국과 좋은 관계를 가질 수 없는 정치적 입장이지만, 단지 석유 때문에 우호 관계가 유지되어왔었기 때문에 이 동맹도 불안한 것이 사실이다.

그러므로 미국은 유엔 사찰단이 이라크에서 대량 살상 무기를 발견하지 못하더라도 어떤 방법을 써서라도 후세인을 몰아내고 군정을 실시하거나 미국의 입맛에 맞는 새로운 정권을 세워야 할 충분한 이유가 있었던 것이다. 그렇다면 프랑스나 러시아처럼 기존에 기득권을 가지고 있던 나라들은 어떠하겠는가? 지금까지의 계약은 무효가 되고 기술과 장비가 앞선 미국의 석유 회사들이 이라크 유전 개발을 장악할 것이 분명한 전쟁을 반대해야 하는 것이다. 그들 나라가 독재자 후세인을 사랑하기 때문이 아니다. 석유 때문이다. 프랑스와 러시아는 만만한 나라가 아니다. 그렇다면 미국이 해야 할 일은 무엇일까? 부시 행정부는 이라크와의 전쟁을 준비하면서 러시아가 이라크 내에서 갖고 있는 이익을 지켜준다는 보장에 서명하고 결국 이라크 침공에 대한 푸틴(Vladimir Putin, 1952~)의 지지를 받아냈다. 양국 외교관들은 이 밀약에 대해 '신사협정(gentleman's agreement)'

이 맺어졌다고 발표했다. 이렇게 민간인 사망자만 4만 명이 넘는 이라크 전쟁이 시작된 것이다.

석유 전쟁과 중동 문제의 저변을 따지자는 것도 아닌데 이렇게 길게 이라크 전쟁을 논한 이유는 오늘날 석유로 인한 국제 관계가 얼마나 심각하고 뿌리 깊은 역사를 가지고 있는가를 확인하기 위함이다. 이 모든 것의 원인은 유한한 에너지가 지역적 한정성을 가지고 존재하기 때문이다. 이쯤되면 '석유가 뭐길래'라는 탄식이 나올 만한 대목이다. 그렇다면 어떤 과정을 거쳐 석유는 이러한 위상에 오르게 된 것일까? 이제 인류가 오늘날과 같이 석유를 주 에너지원으로 사용하게 된 역사를 살펴보자.

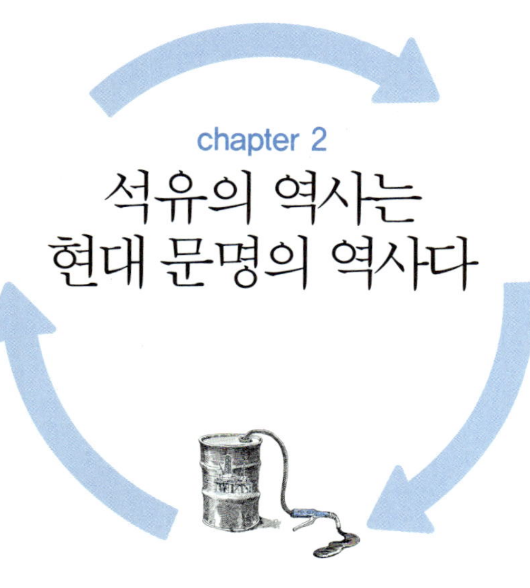

chapter 2
석유의 역사는
현대 문명의 역사다

석유는 언제부터 인간에게 알려졌을까? 원시 시대부터 석유는 알려져 있었다. 다만 그것을 사용하는 방법이 지금과 같이 다양하거나 폭넓지도 않았고, 또 그렇게 유용할 줄 상상도 하지 못했을 뿐이다. 석유란 말은 돌기름 즉, 영어의 petroleum을 번역해 생긴 말이다. 이 단어는 petra(돌)란 말과 oleum(기름)이란 라틴어 단어를 묶어서 만든 말로 '돌에서 얻은 기름' 즉, 석유(石油)가 된 것이다. 동서양 어디에서 처음으로 석유를 사용하기 시작했는지는 명확히 알 수는 없다. 다른 모든 일이 그렇듯이 서양 사람들은 서양에서 먼저 사용했다고 주장하고, 중국인들은 또 그들이 처음이라 주장하고 있기 때문이다.

고대 서양 사람들은 대략 기원전 2000년쯤에 이미 저절로 땅에서 올라온 석유를 윤활유로 쓰거나 설사제로 사용했다고 한다. 기원전 400년쯤에는 페르시아 군대가 아테네를 공격하면서 석유를 방화용 기름으로 화살촉에 발랐다고도 전한다. 메소포타미아·페르시아 등지에서는 적어도 기원전 3200년경부터 사람들이 살고 있었음을 증명하는 석유의 유적이 있다. 기록상으로 보면 『구약성서』에 나오는 노아의 방주에 방수용으로 아스팔트를 사용했다는 기록이 있다. 물론 당시로서는 지표에 자연적으로 스며나온 원유나 아스팔트를 채취하여 사용한 정도일 것이다.

13세기경 미얀마·카스피 해 연안에서 간단한 채굴 도구를 사용하여 원유를 채굴했다는 기록도 있으며, 12세기 아랍인들이 스페인을 침공하면서 비로소 유럽에 석유가 전해졌다고 알려져 있기도 하다. 15세기 유럽인들이 신대륙을 탐험하게 되자 그곳의 원주민인 인디언이 이미 석유를 사용하고 있었다는 기록도 있다. 이즈음만 하더라도 석유는 램프를 밝히는 고래 기름을 대신할 물질 정도로 인식되었을 뿐이다.

동양에서의 석유 역사 또한 유구하다. 중국인들은 기원전 2000년 전부터 이미 중국에서 석유를 이용하기 시작했다고 주장한다. 석유에 관한 중국의 첫 기록은 한나라 때의 반고(班固, 32~92)가 지은 역사책 『한서(漢書)』에서 발견된다. 그 후에도 여러 책에 석유에 대한 간단한 기록들이 나오지만, 정식으로 이를 '석유'란 말로 정착시킨 사람은 송(宋)나라 때의 과학자 심괄(沈括, 1031~1095)이었다. 심괄은 '석유는 얼핏 보면 옻나무의 진과 다름없이 보이며, 태우면 짙은 연기를 내고 센 불길을 낸다. 그 연기로 먹(墨)을 만들 수가 있는데, 이렇게 만든 먹으로 쓴 글은 옻칠로 쓴 것처럼 검고 윤기가 돈다'고 기록했다. 이어 그는 석유는 땅속에서 나오는데, 그 양이 아주 많아서 앞으로 사람들에게 널리 쓰일 것이라고 예언까지 했다고 한다.

고대 중국에서는 석유란 것이 여러 가지 이름으로 불렸다. 『후한서(後漢書)』에 기록된 것을 보면 주천(酒泉)이란 곳에서는 비즙(肥汁)이 나는데, 이것은 아주 밝게 타며 먹을 수는 없다고 되어 있다. 고대 중국에서는 석유를 여러 가지 이름으로 불렀던 것이 확인된다. 고서에는 비즙, 수비(水肥), 석지(石脂), 화유(火油), 맹화유(猛火油), 웅황유(雄黃油), 석뇌유(石腦油) 등 여러 이름이 전해진다. 5~6세기 남북조 시대의 기록을 보면 지금의 신장 웨이우얼 자치구 구자국이란 곳의 산중에서 끈적거리는 액체가 흘러나와 개울을 이루어 몇 리를 흐르다가 땅속으로 스며들었다고 되어 있다. 그리고 이 액체는 의학적으로 탁월한 치유 효과가 있었다고 서술되어 있다.

하지만 이렇게 유구한 역사를 가진 석유가 현대적 의미의 에너지 자원으로 각광받기 시작한 것은 지난 19세기 유럽에서였다. 1861년 1월 21일자 런던의 《타임스(The Times)》는 "1859년 11월 미국 펜실베이니아 주에서는 석유를 뽑아내기 위해 유정(油井)을 팠다"고 보도하고 있다. 이것이 최초의 석유 시추 성공 사례로 알려지고 있다.

드레이크는 펜실베이니아 석유 회사에 고용된 기술자였다. 펜실베이니아 주 오하이오 크리크의 타이터스빌에 있는 유전의 개발 명령을 받게 되었고, 다락집, 동력강굴, 케이싱 등의 방법을 고안하여 오일 크리크(Oil Creak) 근처에서 지하 21미터를 파내려가 석유 채굴에 성공했다. 이것이 근대 석유 공업의 시작으로 꼽히는 대사건이 된 것이다. 그 후 1848년 영국의 화학자 J. 영이 탄갱에서 용출된 원유와 석탄가루 타르에서 처음으로 증류와 화학 처리로 등유·윤활유 등을 추출하는 것을 연구해 특허를

획득했다. 영의 방법은 곧 미국에 전해졌고, 석탄유(coal oil)라 불리면서 종래의 식물유·동물유 대신 원유나 석탄에서 정제등화용 연료(등유)의 제조가 급격히 보급되었다.

석유의 용도가 매우 다양화된 것은 19세기 말에서 20세기 초로, 그 최초의 동기가 된 것은 1879년 미국의 에디슨(Thomas Edison, 1847~1931)에 의한 전등의 발명, 1883년 G. 다임러(Gottlieb Daimler, 1834~1900)에 의한 가솔린 기관 자동차의 발명, 1893년 R. 디젤(Rudolf Diesel, 1858~1913)에 의한 디젤기관의 발명 등이었다. 증기기관 시대에는 주로 장작 그리고 석탄이 주요한 에너지원이었다. 가끔 오래된 흑백 영화에서 석탄이나 장작을 열심히 태우며 흰 연기를 날리는 열차를 본 경험이 있을 것이다. 산업혁명을 이끌었던 증기기관은 이러한 가솔린 기관의 등장과 함께 소멸했다.

그 후 제1, 2차 세계대전을 겪는 동안 석유의 중요성이 크게 인식됨으로써 석유 산업이 더욱 발전했다. 우선 20세기에는 전등의 보급으로 석유 램프가 후퇴함에 따라 등유의 수요는 감소했으나 중유나 아스팔트가 이용되기 시작했고, 자동차의 발전으로 그때까지 폐기물에 불과했던 가솔린이 중요한 석유 제품이 되었다. 특히 1903년 포드(Henry Ford, 1863~1947)가 포드 자동차를 설립하고, 수년 내에 독자적인 양산 방식을 확립한 이래, 가솔린의 수요는 더욱 급증했다. 더욱이 제1차 세계대전을 계기로 항공기가 급속히 발전하자, 고옥탄가의 가솔린 제조가 급진적으로 발달했다. 한편 기선, 군함 등에 있어서는 디젤화가 이루어져 선박용 연료도 석탄으로부터 점차 중유로 전환되었다. 또한 제1, 2차 세계대전 동안에 소형 고속 디젤 기관이 두드러지게 발전함에 따라 자동차, 기관차, 트랙터 등의 연료로 경유의 이용도 급증했다. 더불어 전후 가정용 연료로 크게 보급된 것으로 석유 정제 과정 중 부산물로 산출되는 액화석유가스(LPG)가 있다. 또한 제2차 세계대전 후 항공기의 주력은 프로펠러기에서 제트기로 바뀌어 제트 연료도 중요한 석유 제품이 되었다.

이후 1950년대부터 중동 지역에서 세계 최대의 유전이 발견되고 적극적으로 개발되자, 석유는 값싸고 대량 사용이 가능한 에너지원으로 각광받기 시작했다. 에너지 자원의 최고 위치는 석탄에서 석유로 바뀌고 석유의 대량 소비 시대에 들어감으로써, 이른바 에너지 혁명이 시작된 것이다. 이렇게 시작된 에너지 혁명은 현대 사회를 석유 없이는 인간의 존재를 상상하기도 힘든 상황으로 이끌어왔다. 인간의 일상생활 전반을 장악하고 있는 근본과도 같은 석유의 패러다임을 벗어날 수 있는 방법은 있는가? 질문은 여기서 출발한다.

chapter 3

석유를 대체할 수 있는
에너지, 어디 없을까?

석유의 대안에 대한 우리의 고민을 생각하기 위해서는, 에너지와 관련된 조금 다른 이야기로 시작해야 할 것 같다. 무한 동력 혹은 영구기관이 그것이다. 오래 전부터 인류는 영구적으로 스스로 움직이는 장치를 만들어 에너지를 무한하게 발생시킬 수 없을까 하는 고민을 해왔다. 그러나 현대 과학에서는 이러한 무한 동력 장치는 열역학 제1법칙인 에너지 보존법칙에 위배되는 것으로 불가능한 것이라고 못 박고 있다.

그러나 인류는 아주 오래 전부터 '영구기관'이라는 외부 에너지 없이 자력으로 운동하는 기구에 대한 꿈을 꾸어왔다. 과학사를 살펴보면 19세기 중반에 에너지 보존 법칙이 확립되기 이전은 말할 것도 없고, 그 이후에도 영구기관을 만들었다는 주장들이 숱하게 등장한다. 마치 중세 시대까지 연금술사들이 다른 물질로 금을 만들려고 숱한 노력을 기울였듯이,

영구기관 제작에 도전하는 사람들은 일종의 신화를 만들어왔다.

증기기관 연구의 선구자 중 하나인 영국의 서머싯(Edward Somerset, 1601~1667)은 1638년 바퀴 속의 경사면에 납공을 굴려서, 그 반동으로 다시 바퀴를 돌리는 영구기관을 고안해낸 바 있고, 아르키메데스의 스크류를 사용하여 물을 순환시켜 수차를 돌릴 수 있다는 아이디어도 있었다. 몇 명의 탁월한 수학자를 배출시켜서 수학자 집안으로 유명한 베르누이 가문의 장 베르누이(Jean Bernoulli, 1667~1748)도 유체를 이용한 영구기관을 제안한 바 있다. 이밖에도 자석을 이용한 영구기관, 전기 장치로 된 영구기관, 열과 빛을 이용한 영구기관 등 온갖 자연 현상을 이용하여 다양한 종류와 모양의 영구기관들이 고안되었지만, 그중 제대로 작동된 것이 하나도 없음은 두말할 필요도 없다. 만약 이것이 가능했다면, 즉 무한하게 에너지를 생산하는 기관이 가능했다면, 석유가 지구를 지배하는 일도 없었을 것이다.

그러나 무한 동력이라는 마술적 매력이 과학적으로 불가능하다고 입증된 지금도 영구기관과 무한 동력 장치에 대한 연구는 끊임없는 논란을 만들고 있다. 그리고 이것은 필연적으로 수많은 사기극으로 이어지기도 했다.

18세기 초 독일의 오르피레우스(Johann Bessler Orffyreus, 1680~1745)의 자동 바퀴 사건은 영구기관을 빙자한 사기 사건 중 비교적 규모가 큰 것이었다. 크고 작은 톱니바퀴와 추의 낙하를 교묘히 연결하여 바퀴를 영원히 돌릴 수 있다는 어이없는 장치였지만, 그는 장치의 중요 부분을 가리고 사람을 밑에 숨겨서 밧줄로 잡아당기는 등의 속임수로 자신의 장치가 영구기관인 것처럼 보이게 했다. 그는 여러 나라의 귀족이나 부유한 상류층으로부터 거액을 지원받으면서 호사스러운 생활을 누렸고, 러시아의 황제 표도르 1세(Fyodor Ivanovich, 1557~1598)에게 10만 루블을 받고 자신의 가짜 영구기관을 대여하려 한 적도 있었다.

미국의 존 킬리(John Keely, 1827~1898)라는 인물 또한 아주 탁월한 사기꾼이었다. 킬리는 단순한 영구기관이라고 하기에는 좀 복잡한 것을 제시했다. 즉, 물을 사용해서 '공감적 진동'에 의해 재결합을 일으켜서 대량의 에너지를 발생시킨다는 그럴듯한 이론을 폈다. 그는 많은 교육을 받지는 않았으나 언변이 뛰어났고, 난해한 용어들을 써가면서 사람들을 혹하게 만드는 '혹세무민(惑世誣民)'의 대가였다. 킬리는 "한 양동이의 물이 세계를 바꾸는 힘을 가졌다"라고 큰소리치면서 자신의 황당한 이론을 거침없이 설파했다. 1872년에는 10여 명의 기술자, 자본가 등이 1만 달러를 출자해서 '킬리 모터'를 설립했고, 킬리는 이 돈으로 부품을 사서 금속관, 구, 밸브 등이 복잡하게 조립된 기계를 만들었다.

1874년에는 필라델피아에서 킬리 모터의 매우 성공적인 공개 실험을 진행하기도 했다. 이 실험으로 많은 출자자들이 서슴없이 거액의 돈을 투자했고, 킬리는 자신이 고안한 기계의 상업적 실용화 비용으로 더 많은 돈을 요구했다. 그러나 연구는 지지부진했고 킬리는 자신의 기계장치가 정밀 테스트를 회피하는 수법을 사용해 검증을 피했다. 그러는 동안 세월이 흘러서 1898년에 그는 죽었고, 그 후에야 출자자들은 킬리 모터의 설계도조차 존재하지 않았고, 거액의 투자비는 그의 사치스런 생활비로 탕진되었다는 것을 알게 되었다. 이후 일찍부터 킬리에게 의심을 품었던 사람 중 하나가 그의 실험실이 있던 건물을 임대하여 샅샅이 조사한 결과 킬리 모터의 사기극이 비로소 드러났다. 실험실의 마루 밑에 압축 공기 탱크가 숨겨져 있었고, 그곳으로부터 파이프를 끌어들여서 압축 공기의 힘으로 기계를 움직였던 것이 밝혀졌다.

대부분의 무한 동력 기관과 관련하여 주목받았던 사건들은 사기극으로 귀결되었다. 이론적으로 당연한 귀결이다. 그러나 오늘날에도 여전히 주목받는 무한 동력 장치들이 있다. 가장 최근에 주목받는 무한 동력 기관은 스위스에 있다. 일명 테스타티카(TESTATIKA)라는 이름의 이 무한 동력 및 영구 발전 장치는 현재 알려지고 있는 여러 가지 공간 에너지 장치 중에서 가장 완벽하게 작동하고 있는 것이며, 많은 사람들에게 실제로 공개되어왔을 뿐만 아니라, 작동 상황을 상세하게 영상으로 담은 동영상까지 제작해 보급되었다. 이 장치를 발명한 사람은 스위스의 파울 바우만(Paul Baumann)이라는 사람인데, 그는 지금 스위스 베른 근교에 자리 잡고 있는 기독교 신앙 공동체 마을인 메테르니타(Methernitha)라는 공동체 마을의 지도자이며 공동체 마을에서 사용되는 전기를 자급자족하기 위한 방법으로서 1970년경에 이 무한 동력 장치를 최초로 발명했다고 한다. 이 장치는 외부에서 전기를 전혀 입력시키지 않고 단지 손으로 한두 번 돌려주기만 하면 전혀 멈춤이 없이 영구적으로 회전하며 전기를 발생시킨다. 이 장치는 어떠한 외부의 에너지도 사용하지 않으며 단지 수동으로 작동시켜주기만 하면 230볼트, 3~4킬로와트의 직류 전기가 영구적으로 발생되어 나온다는 것이다. 여러 매체와 학술지의 지면을 통해서 이 에너지 기관은 믿을 만한 것으로 알려지고 있으나, 발명자는 그 작동 원리와 구조에 대해서는 유출되면 악용될 수 있다는 이유로 함구하고 있는 형편이다. 이것 역시 일종의 사기극으로 끝날 것인지 귀추가 주목되는 지점이다.

그렇다면 도대체 이렇게 많은 이야기들을 만들어내고 있는 영구기관, 무한 동력의 멈추지 않는 매력이란 무엇일까? 이미 과학 이론적으로 파산된 개념이 왜 아직도 명맥을 유지하는 것일까?

그것은 바로 유한성의 극복에 대한 욕망 때문일 것이다. 물론 사기극을 도모하고자 하는 이들에게는 독점적인 부를 쌓을 수 있다는 것이 매력이겠지만, 진정 영구기관을 생각하는 사람들에게는 그것이 자연을 파괴하지도, 자원을 소비하거나 오염시키지도 않고 영원히 인간을 풍요롭게 해줄 수 있는 마술과 같은 어떤 것이라고 생각하기 때문일 것이다. 그러나 영구기관에 대한 백일몽은 지난 100년간 그 꿈을 이루지 못했고, 이룰 수 있다는 증거를 제시하지도 못했다. 하지만 그러한 이상주의적 꿈이 무의미한 것은 아니다. 유한한 자원과 날로 파괴되어가는 자연이라는 악조건 속에 놓인 지구를 생각한다면 석유를 대체할 만한 새로운 에너지, 그것도 매우 효율적이고 획기적인 에너지의 필요는 당연한 것이기 때문이다.

신재생에너지. 그것은 아마도 이러한 오래된 인류의 꿈, 마술 같은 에너지원에 대한 꿈을 향한 다른 방식의 발걸음일지도 모른다.

2
에너지 자원의
새로운 패러다임,
신재생에너지

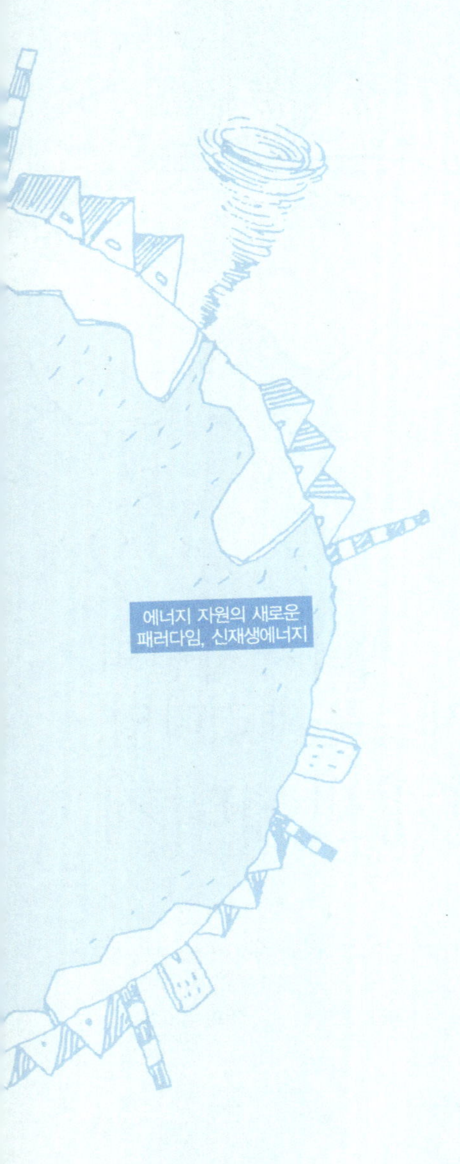
에너지 자원의 새로운
패러다임, 신재생에너지

기후변화협약은 에너지 개발에 어떤 영향을 미쳤나?

　신재생에너지에 대한 역사적 그리고 전 지구적 요청은 어쩌면 당연한 수순이다. 그렇다면 언제부터 이것이 현실적 문제가 되고 당면한 문제가 되어 실행을 추동하게 된 것일까? 그 배경에는 지구온난화와 기후변화협약이라는 지구 환경에 관한 논의가 자리한다.

　기후변화협약은 1992년 브라질의 리우데자네이루에서 열린 국제환경회의에서 채택된 기후변화에 관한 대표적인 다자간 협약이며, 정식 명칭은 '기후변화에 관한 국제연합기본협약(UNFCCC)'이다.

　기후변화에 대한 국제적인 관심이 높아지게 된 것은 1970년대로, 이즈음 과학의 발달과 함께 기후 시스템에 대한 지식이 축적되면서 인간의 활동으로 인한 온실가스 배출이 지구온난화를 초래한다는 논제들이 과학자들 사이에 광범위하게 전파되기 시작했다. 특히 1972년 로마클럽의

「성장의 한계」에서 제기된 지구온난화 문제에 대한 논의는 1980년대에 들어 세계 각지의 이상 기후 현상과 빈발하는 자연재해로 인해서 전 세계적인 관심사로 떠오르게 되었다. 이러한 가운데서 지구온난화 가설에 대한 과학적인 근거가 필요하다는 인식이 확산되면서 1988년 유엔환경계획(UNEP)과 세계기상기구(WMO)는 기후변화에 대한 가장 권위 있는 과학적 평가 기구인 '기후변화에 관한 정부 간 협의체(IPCC)'를 공동으로 설립하게 되었다.

이후 IPCC의 활동과 아울러 1989년 유엔환경계획 각료이사회 조약 교섭, 1990년 세계기후회의 각료 선언에 이어서 기후변화협약의 협약문 내용에 대한 총 10여 차례의 국제 협상을 거친 후, 1992년 6월 브라질의 리우데자네이루에서 열린 유엔환경개발회의(UNCED)에서 참가한 154개국 정부 서명으로 유엔기후변화협약이 체결되기에 이르렀다.

─────○드 **기후변화협약 체결까지의 주요 진행 경과**

1972	로마클럽 「성장의 한계」 발간 스톡홀름 유엔인간환경회의(UN Conference on Human Environment)
1979	제1차 세계기후회의
1988	기후변화에 관한 정부 간 협의체(IPCC) 설립
1992	리우 유엔환경개발회의(의제 21, 기후변화협약, 생물 다양성협약 채택)

●출처 : 「기후변화 정책 대응과 방향」(2007) 환경부

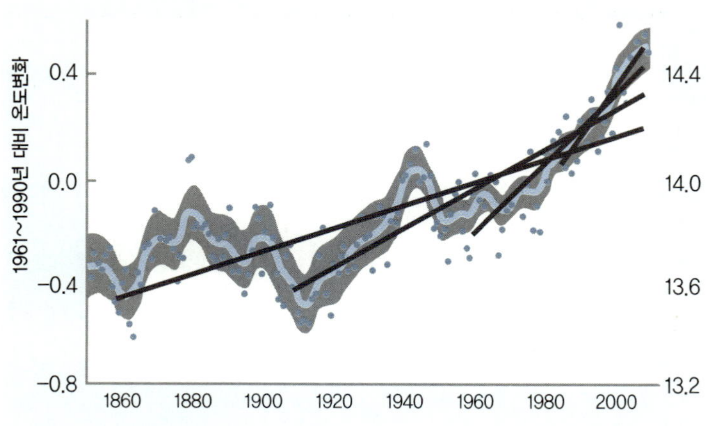

• 출처 : 「기후변화 정책 대응과 방향」(2007) 환경부

유엔기후변화협약은 협약 제23조에서 정한 대로 50번째 국가의 협약 비준 후 90일째 되는 날인 1994년 3월 21일에 발효가 되었고, 우리나라는 1993년 12월에 47번째로 가입했다. 2008년 6월 현재 유엔기후변화협약에는 총 192개 나라가 가입되어 있다. 기후 협약의 주요한 내용을 보면 다음과 같다.

우선 그 목적은 지구의 기후 체계가 인간의 인위적 활동으로 인한 영향을 받지 않도록 대기 중의 온실가스 농도를 안정화시키는 데 있다(협약 제2조).

온실가스 배출의 감축은 국제적인 공동 노력이 필요한 지구적인 문제이기 때문에 모든 가입국이 공동의, 그리고 동시에 차별적인 책임을 담당한다는 것이 기후변화협약의 주요 원칙이다. 즉 '공동의 차별적인 책임'이란 일찍이 산업화가 진행되어 온실가스 배출 및 기후변화에 대하여 역사적인 책임을 가진 선진국들이 좀 더 많은 역할을 담당해야 한다는 의미를 갖기도 한다(제3조 1항). 이 원칙은 선진국의 선도적인 역할과 함께 개발도상국의 현재 상황에 대한 특수 사정을 배려하되 공동의 차별화된 책임과 능력에 입각한 의무 부담을 부여하도록 한 것이다.

그래서 참여 국가를 두 종류로 구분한다. 부속서 I 국가와 비부속서 I 국가가 그것이다. 역사적인 책임에 따라 부속서 I 국가는 온실가스 배출량을 1990년 수준으로 감축하기 위해 노력해야 하며, 특히 부속서 II 국가는 온실가스 감축 노력과 함께 개도국에 대한 재정 지원 및 기술 이전의 의무를 지게 된다.

부속서 I 국가(41)		
의무부담 국가(39)		**비의무부담 국가**
〈비준국가〉 오스트리아, 벨기에, 캐나다, 체코, 덴마크, 핀란드, 프랑스, 독일, 그리스, 헝가리, 아이슬란드, 아일랜드, 이탈리아, 일본, 룩셈부르크, 네덜란드, 뉴질랜드, 노르웨이, 폴란드, 포르투갈, 슬로바키아, 스페인, 스웨덴, 스위스, 영국, 불가리아, 에스토니아, 리투아니아, 루마니아, EC, 라트비아, 러시아, 슬로베니아, 우크라이나, 리히텐슈타인	〈미비준국가〉 미국, 호주, 크로아티아, 모나코	터키, 벨라루스

· 비부속서I 국가 중 OECD 국가 : 한국, 멕시코
· 볼드체는 OECD 국가임

• 출처 : 「기후변화협약과 우리의 대응」(2007) 산자부, 에너지관리공단

기후변화협약에서는 당사국 총회와 별도로 부속 기구로서 과학기술 자문기구[*]와 이행부속기구[**]를 두고 있으며, 기후변화협약에 관한 유엔 조직 구조도는 다음과 같다.

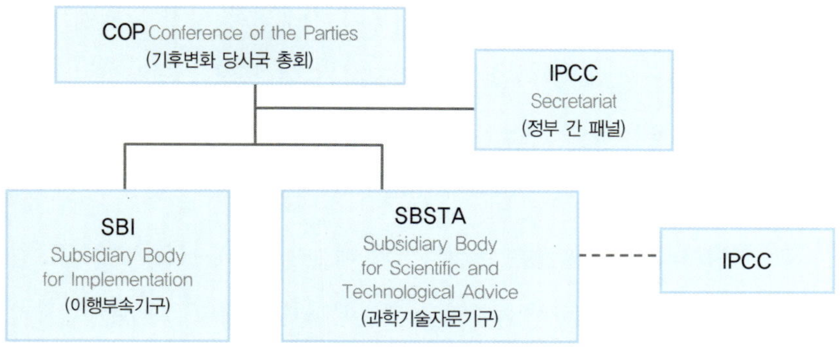

• 출처 : 에너지관리공단 기후대책실(http://co2.kemco.or.kr/change/change_01.asp)

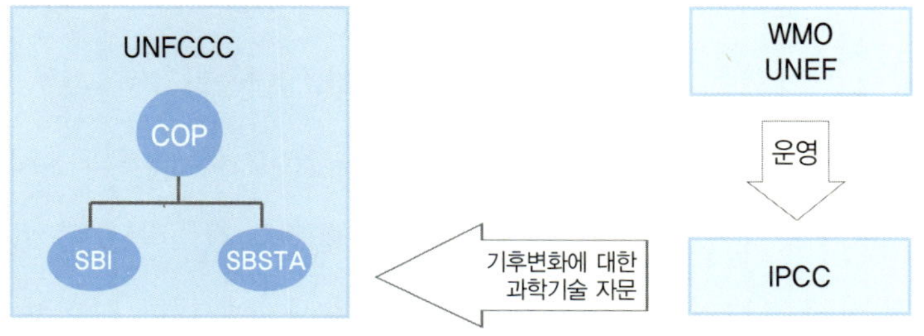

• 출처 : 「기후변화협약과 우리의 대응」(2007) 산자부, 에너지관리공단

[*] 과학기술자문기구(SBSTA : Subsidiary Body for Scientific and Technological Advice)는 협약 이행과 관련된 과학적·기술적 자문을 제공하기 위해 설치된 기구로서 각 정부 대표 전문가로 이루어진 여러 개의 전문 분과로 이루어져 있으며 기술 개발 및 이전, 국제적인 연구 협력 및 자문을 제공하고 기후변화협약의 과학기술적 권고안을 당사국 총회에 제출하기도 한다.

[**] 이행부속기구(SBI : Subsidiary Body for Implementation)는 국가 보고서를 제출하거나 기술에 관한 지원 방안 등 기후변화협약 이행과 관련된 문제에 관한 권고안을 만들어 당사국 총회에 제출한다.

교토의정서(Kyoto Protocol : COP3)는 이런 전 세계적인 기후협약이 말뿐 아니라 실질적인 변화를 요구할 수 있음을 보여주는 새로운 국제 관계의 상징이다. 교토의정서는 1997년 12월 일본의 교토에서 개최된 제3차 당사국 총회(COP3)의 결정문인 '기후변화협약 부속 교토의정서'를 의미한다. 기후변화협약이 전 세계 국가들의 기후변화 방지 노력에 대한 일반적인 원칙을 담고 있다면, 교토의정서는 이 목적을 달성하기 위한 실제적인 온실가스 배출 감축 노력, 즉 누가, 얼마만큼, 어떻게 줄일 것인가에 대한 내용을 규정하는 법적 구속력이 있는 문서다.

교토의정서의 채택 배경은 온실가스의 배출을 1990년 수준 이하로 감축하기로 했던 유엔 기후변화협약의 체결에도 불구하고, 대부분의 국가들에서 실질적인 온실가스 감축이 이루어지지 않고, 오히려 배출량이 증가해 기후변화협약의 목표를 달성하기 위한 구체적이고 구속력 있는 방안이 필요했기 때문이었다. 따라서 교토의정서는 그동안 당사국 총회의 주요 의제였던 부속서 I 국가들의 온실가스 배출량 감축 의무 및 시장 원리에 입각한 새로운 감축 수단의 도입 등을 주요 내용으로 하고 있다. 즉 교토의정서의 채택으로 선진국들의 온실가스 감축 목표뿐 아니라 구체적인 저감 방안을 확정하여 지구온난화 문제에 대한 실효성 있는 대응 기반을 마련하게 되었다고 할 수 있다.

교토의정서는 최대 온실가스 배출국인 미국이 자국의 심각한 경제적 타격과 개도국들이 의무 감축 대상국에서 제외된 것을 이유로 탈퇴하면서 한때 큰 위기를 맞기도 했지만, 유럽연합과 일본이 중심이 되어 협상을 지속한 결과 러시아의 비준서 제출과 함께 2005년 2월 16일 공식 발효

교토 의정서

되었다. 우리나라는 2002년 11월 교토의정서를 비준했고, 2007년 10월 현재 우리나라와 북한을 포함한 175개국과 EC가 의정서를 비준했다.

교토의정서에서는 선진국들에 대하여 2008~2012년 이내에 평균적으로 1990년 배출 수준의 약 5.2퍼센트를 감축하도록 차별화된 온실가스 감축 목표량을 할당했다. 국가별 할당량은 다음 표와 같다.

교토의정서에 규정된 감축 대상 온실가스는 이산화탄소(CO_2), 메탄(CH_4), 아산화질소(N_2O), 수소불화탄소(HFCs), 과불화탄소(PFCs), 육불화황(SF_6) 등 여섯 가지로, 종류에 따라 온실효과를 유발하는 정도가 다르기 때문에 온실가스 지구온난화에 기여하는 정도가 다른데, 이를 지구

──⊏彡 부속서 B 당사국 및 감축 목표

유럽연합		시장경제 전환 국가		기타 부속서1 국가	
당사국	감축 목표	당사국	감축 목표	당사국	감축 목표
포르투갈	27.0%	러시아	0.0%	아이슬란드	10.0%
그리스	25.0%	우크라이나	0.0%	호주	8.0%
스페인	15.0%	폴란드	−6.0%	노르웨이	1.0%
아일랜드	13.0%	루마니아	−8.0%	뉴질랜드	0.0%
스웨덴	4.0%	체코	−8.0%	캐나다	−6.0%
핀란드	0.0%	불가리아	−8.0%	일본	−6.0%
프랑스	0.0%	헝가리	−6.0%	미국	−7.0%
네덜란드	−6.0%	슬로바키아	−8.0%	스위스	−8.0%
이탈리아	−6.5%	리투아니아	−8.0%	리히텐슈타인	−8.0%
벨기에	−7.5%	에스토니아	−8.0%	모로코	−8.0%
영국	−12.5%	라트비아	−8.0%		
오스트리아	−13.0%	슬로베니아	−8.0%		
덴마크	−21.0%	크로아티아	−5.0%		
독일	−21.0%				
룩셈부르크	−28.0%				
EU	−8.0%				

• 출처 : 「기업을 위한 CDM 사업 지침서」(2007) 에너지 관리공단

온난화 지수(GWP)[*] 라고 한다.

교토의정서에서는 선진국들에 할당된 온실가스 감축 목표량을 자국 내의 노력만으로 달성하는 데 막대한 비용이 소요될 것을 예상하고, 온실가스 저감 비용을 최소화하기 위한 국제적인 협력 메커니즘을 도입했다. 제6조에서는 공동이행제도(JI : Joint Implementation)를, 제12조에서는 청정 개발 체제(CDM : Clean Development Mechanism)를, 제17조에서는 배출권 거래제(ET)를 규정하고 있으며 이와 같은 비용 효과적인 온실가스 감축 방안들을 교토의정서의 신축적 메커니즘이라고 한다. 그중에 특히 청정 개발 체제(CDM)는 우리가 오늘날 신재생에너지의 개발과 연구에 매진하게 된 직접적인 계기가 된다. 청정 개발 체제는 부속서 I 국가(선진국)가 비부속서(개발도상국)에 기술 이전과 투자를 통해 온실가스 감축 사업을 수행하고, 사업을 통해 달성된 온실가스 감축 실적을 부속서 I 국가의 감축 의무 이행에 사용할 수 있도록 하는 제도다. 여기에 제17조에서 규정하고 있는 배출권 거래 제도까지 결합하게 되면 거의 완전한 국제적 관리 메커니즘이 완성된다. 배출권 거래 제도는 온실가스 감축 의무 국가가 할당된 의무 감축량을 초과하여 달성하였을 경우, 즉 온실가스 감축에 성공하여 할당받은 감축량보다 온실가스를 적게 배출한 경우 그 잉여분(초과 달성분)을 다른 국가와 거래할 수 있도록 하는 제도다.

[*] 온실가스의 종류에 따라 온실효과를 유발하는 정도가 다르기 때문에 온실가스 배출량을 산정할 때는 CO_2 이외의 온실가스는 실제 배출량에 대해 각각의 GWP값을 곱하도록 한다. GWP는 온난화에 기여하는 정도를 상대적으로 비교한 척도로써 CO_2 1킬로그램과 비교하였을 때 어떤 온실 가스가 대기로 방출된 후 특정 기간 동안(100년을 기준) 그 기체 1킬로그램의 가열 효과가 어느 정도인가를 평가하는 것이며, CO_2의 GWP 값을 1로 한다.

감축 대상 온실가스 (부속서 A)	CO_2, CH_4, N_2O, HFCs, PFCs, SF_6
부속서 I 국가의 감축 목표 설정	○ 온실가스의 배출량을 1차 의무 이행 기간(2008~2012) 동안 1990년 대비 평균 5.2% 감축 ○ 국가별 차별적인 감축 목표 부여(국가별 허용 배출량과 인증된 감축 목표량을 −8%에선 +10%까지 다르게 결정함) 미국 −7%, 일본 −6%, 유럽연합 −8%, 아이슬란드 +10% 등
기타 결정사항	○ 교토메커니즘 결정:청정 개발 체제, 공동이행(JI), 배출권거래(ET) ○ 흡수원❋의 인정

교토 체제의 최종적인 마무리는 마라케시협정(Maracash Accord : COP7)이다. 이것은 2001년 10월 모로코의 마라케시에서 개최된 제7차 당사국 총회(COP 7)에서 타결된 협정으로, 제3차 회의(교토의정서)에서 제시되었던 신축성 메커니즘, 의무 준수 체제, 흡수원 등에 대한 구체적인 내용을 담고 있다. 이로써 제3차 당사국 총회에서 채택된 교토의정서의 운영 방안이 확정되고 실무 기구들이 구성되어 교토 체제가 실질적으로 출범하게 된 것이다.

❋ 대기 중 온실가스를 흡수하여 지구온난화 현상을 줄이는 것으로써 교토의정서에서 신규 조림, 재조림 등을 흡수원으로 규정했다.

기후에 관한 국제 협약과 기구

기후변화아시아태평양파트너십

APP : Asia-Pacific Partnership on Clean Development and Climate

미국, 호주, 캐나나, 중국, 인도, 일본, 한국 등이 중심이 되어 결성한 기후변화 파트너십이다. 에너지 안보, 대기 오염 방지, 기후변화 대응과 동시에 지속 가능한 경제 성장과 빈곤 퇴치를 목적으로 2006년 1월 출범했으며, 청정에너지 개발 기술과 상품, 서비스 분야에 대한 투자 및 국제 거래의 확대 등에 초점을 두고 있다.

국제에너지기구

International Energy Agency

국제적 에너지 계획 기구로서 석유수출국기구(OPEC)의 석유 공급 삭감에 대응하기 위해 주요 석유 소비국에서 조직한 OECD 산하 기구다. 석유 긴급 운용 시스템으로서, 국제 석유 시장에 대한 정보 공유를 통해 석유 공급 위기에 대비하고, 대체에너지 개발 및 석유 수급 비상시 회원국 간 공동대처 방안 등을 마련하는 것을 주요 기능으로 하고 있다. 한국은 2001년 가입하였으며 2008년 9월 현재 145개국이 가입되어 있다.(http://www.iea.org/)

국제원자력기구

IAEA:International Atomic Energy Agency

1957년 유엔 총회를 거쳐 발족된 유엔의 준 독립기구로써 오스트리아의 비엔나에 본사를 두고 있다. 원자력의 평화적 이용을 위한 연구와 국제적인 공동 관리를 위해 설립되었으며 원자력이 세계 평화와 보건 및 번영에 기여하도록 하고, 원자력의 실용적 응용을 지원하며 군사적 목적에 이용되는 것을 방지하는 것을 주요 임무로 한다. 또한 국제적인 핵 안전시설의 설치와 관리를 지원하고 안전기준을 제시하는 역할을 담당하고 있으며 2008년 현재 145개국이 가입되어 있다.(http://www.iaea.org)

경제협력개발기구

OECD:Organization for Economic Cooperation and Development

경제 발전과 세계 무역 진흥을 위해 1961년 발족한 기구다. 기존의 유럽경제협력기구(OEEC)를 개발도상국 원조 문제 등 새로운 국제 경제 정세 변화에 대응하기 위해 개편한 것으로써, 재정적 안정을 유지하면서 고용과 생활 수준의 향상을 도모하여 세계 경제의 발전에 기여하고, 세계 무역 다각화 및 확대에 기여하는 것을 목적으로 한다. 우리나라는 1996년 12월 29번째 정회원국으로 가입했다.(http://www.oecd.org)

석유수출국기구

OPEC:Organization of the Petroleum Exporting Countries

1960년 사우디아라비아, 쿠웨이트 등 대표적인 5개 산유국들이 석유 수출의 안정적인 확보를 위해 결성한 협의체다. 결성 당시에는 원유 공시 가격의 하락을 저지하고 산유국 간의 정책 협조와 이를 위한 정보 수집 및 교환을 목적으로 하는 가격 카르텔 성격의 기구였으나, 1973년 제1차 석유 위기를 주도하여 석유 가격 인상에 성공한 이후, 원유가의 계속적인 인상을 위해 생산량을 조절하는 생산 카르텔로 변질되었다. OPEC는 가격 정책 외에 석유 이권의 국유화, 자원보호, 각종 석유 산업으로의 진출, 화석 연료 시대 이후 대비 등을 목표로 하고 있다. 2007년 현재 회원국은 아프리카의 알제리, 앙골라, 나이지리아, 리비아, 라틴아메리카의 베네수엘라, 중동의 이란, 이라크, 쿠웨이트, 사우디아라비아, 카타르, 아랍에미리트, 아시아의 인도네시아 등 12개국이다. (http://www.opec.org/)

세계자원연구소

WRI:World Resources Institute

1982년 설립된 비영리 환경 연구 기관으로 미국의 워싱턴 D.C.에 본부를 두고 있다. 100명 이상의 과학자, 경제학자, 정책 전문가 등으로 구성되어 있으며 환경 보호와 인간 삶의 질 향상 방안을 모색하기 위해, 기후 및 에너지, 운송 및 정책, 시장, 생태 등을 주요 연구 영역으로 하고 있다. 2년마다 잘 알려진 「세계자원보고서(World Resouce Report)」를 발간하고 있다. (http://www.wri.org/)

지역온실가스구상

RGGI:Regional Greenhouse Gas Initiative

2003년 시작된 미국의 자발적인 온실가스 감축 이니셔티브로서, 뉴욕과 뉴저지 등 미국 북동부 지역 10개 주를 중심으로 전 지구적인 기후변화에 대응하는 노력의 일환이다. 발전소에서 발생되는 온실가스에 대한 Cap&Trade(총량규제 방식의 배출권 거래) 제도를 마련하고 있다. 2018년까지 1990년 수준의 10퍼센트 이하로 온실가스 배출을 저감하는 내용의 행동 계획(Action Plan)을 발표하기도 했으며, 2008년 9월 온라인 온실가스(이산화탄소) 경매를 통한 첫 거래를 시작으로 연 네 차례의 온라인 경매를 진행하고 있다. (http://www.rggi.org/home)

chapter 2

교토의정서,
신재생에너지 사업을
규정하다

　　CDM(청정 개발 체제)은 제3차 기후변화협약 당사국 총회(COP3)에서 채택된 교토의정서의 탄력적 메커니즘(Flexible Mechanism)의 하나다. CDM은 선진국들의 온실가스 감축 의무 불이행에 대해 벌금을 부과하는 대신 선진국들이 개도국의 온실가스 감축 사업에 자본과 기술을 투자해 개도국의 지속가능한 발전에 기여하고, 아울러 감축 사업을 통해 달성된 감축실적(Creidt)을 자국의 감축 의무 이행에 사용할 수 있도록 감축 의무 이행에 시장 메커니즘을 도입한 것이다. 그리고 CDM 사업의 수행을 통해 발생한 온실가스 저감 실적은 유엔기후변화협약의 CDM 집행부로부터 CERs(Cerified Emission Reduction)라는 형태로 사업자들에게 발급되게 된다. CDM의 주된 목적은 개발도상국의 지속 가능한 발전을 돕는 동시에 선진국의 온실가스 감축 의무를 효과적으로 달성하는 데 기여함으로써 기후변화협약의 궁극적인 목적을 달성하는 데 있다.

마라케시 합의문의 결정문 17에서는, CDM 사업이 유치국의 지속 가능한 발전에 기여하는지 여부를 확인하는 것은 일차적으로 유치국의 권한으로 규정하고, CDM 사업 내용을 기술하는 사업 계획서(PDD)에도 해당 사업이 지속 가능한 발전에 어떻게 기여하는지를 대략적으로 설명하도록 하고 있다. CDM의 기본적인 개념은 1992년의 기후변화협약서 4조의 "부속서 I 국가들은 비부속서 국가들과 공동으로 온실가스 감축 정책을 이행할 수 있다"는 조문에서도 근거를 찾아볼 수 있다. CDM 제도의 도입은 기업 간 온실가스 감축 한계 비용에 명확한 차이가 존재한다는 점과, 온실가스가 배출되는 지리적 위치는 지구 전체의 온난화라는 측면에서 차이가 없다는 점에 착안한 것이라고 봐야 한다.

CDM 사업에 참여하고자 하는 국가들은 우선 교토의정서 비준 국가여야 하고, CDM 사업에 자발적으로 참여하는 것이어야 하며, 국가승인기구(DNA)가 설립되어 있어야 한다고 규정되어 있다. 만일 온실가스를 감축하는 모든 사업이 CDM 사업이 되어 선진국들의 감축 의무 이행에 사용될 수 있다면, 기업들은 온실가스 감축을 위한 특별한 노력 없이도 저렴한 비용으로 온실가스 감축분을 구입할 수 있게 되어 감축 기술 개발 등의 노력을 게을리하게 되고 결과적으로 실질적인 온실가스 감축 효과를 얻을 수 없게 될 것이다. 따라서 어떤 사업이 CDM 사업으로 추진되기 위해서는 현재의 상황에서 자연스럽게 추진되는 감축 활동이 아니라 추가적인 노력, 즉 추가적인 비용이 들거나 여러 가지 장애 요인들이 존재해 보급에 어려움이 있는 사업이어야 한다. 이러한 요건을 CDM 사업의

'추가성'이라고 하며, 경제적 또는 환경적인 추가성을 증명하는 것이 CDM 사업으로 추진되기 위한 중요 성공 요인이다.

한편 환경단체들의 입장에서 '추가성'이란, 수익성이 있는 사업을 CDM 사업으로 등록시키지 말아야 한다는 의미가 되기도 한다. 추가성을 입증하기 위해서는 일반적으로 아래와 같은 단계들을 거치게 되는데 이와 관련된 사항들은 별도의 검증 절차를 통해 CDM 집행위원회로부터 신뢰성을 인정받아야 교토 메커니즘에 따른 CDM 사업으로서 유엔에 등록되어 배출권(CERs)을 교부받을 수가 있다.

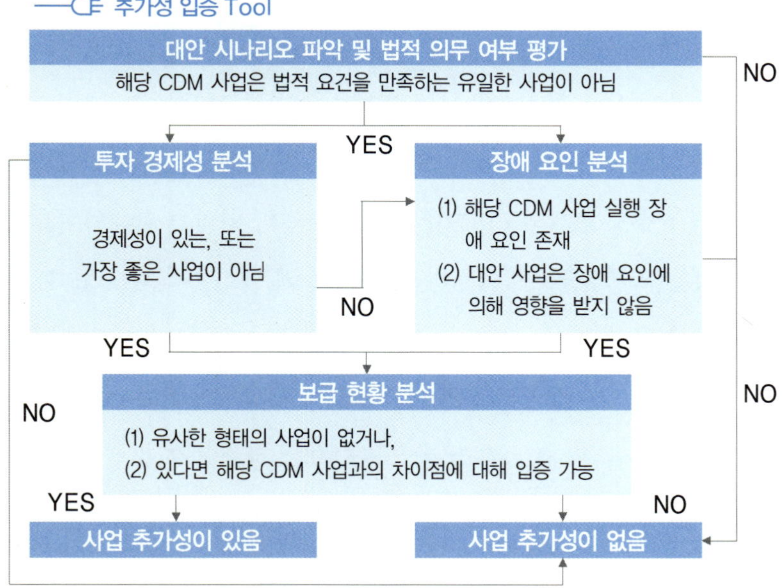

• 출처 : 「CDM 사업 방법론 현황 및 최근동향」(2008) 에너지관리공단, CDM 인증원.

CDM 사업의 배출 규모와 감축량 규모를 기준으로 소규모 사업 대상을 정하고, 소규모 사업에 대하여는 CDM 사업의 추진 절차를 간소화한 마라케시 합의문에 따라서 CDM 사업은 우선 일반 사업과 소규모 CDM 사업으로 나누어진다. 소규모 사업 대상은 아래와 같다.

(1) 최대 출력이 15MW 이하인 신재생에너지 사업

(2) 연간 저감량이 60GWh 이하인 에너지 절약 사업

(3) 연간 온실가스 배출 감축량이 6만 톤 CO_2e ❖ 이하인 인위적 배출 감축 사업

또한 CDM 집행부는 신규 조림 및 재조림 등 흡수원과 관련된 사업을 따로 구분하여 이에 대한 방법론을 별도로 마련해두었고, 최근에는 국가나 지방자치단체 등에서 대규모로 실시하는 프로그램적 성격의 CDM 사업에 관한 규정도 신설되고 있어서 CDM 사업의 영역을 확대하고, 아프리카를 비롯한 저개발국의 CDM 사업에도 점차 활기를 더하고 있다.

2008년 10월 현재 전 세계적으로 진행 중인 CDM 사업은 약 3,000여 건이며, 이 중 1,170건이 등록되었고, 등록된 사업에서 발행되는 CERs는 연간 2억 2000만 톤 CO_2e 정도로 예상된다. 현재까지 발행이 완료된 CERs는 약 1억 9000만 톤이며, 전체적인 사업수에서는 태양광, 풍력, 수

❖ 온실가스 감축량은 교토의정서에 규정된 6가지 온실 가스의 GWP 지수에 따라 이산화탄소 배출량으로 환산(CO_2 Equivalent)하여 계산된다.

력과 같은 신재생에너지 분야의 사업 비중이 절반 정도를 차지하고 있지만, CERs 발행량에 있어서는 지구온난화 지수가 높은 사업들로부터 발생되는 CERs가 많은 비중을 차지하고 있다. 우리나라에서는 2005년 울산화학에서 에어컨용 냉매인 HFC22를 생산하는 과정에서 발생되는 온실가스인 HFC23을 열분해 소각하는 사업을 CDM 사업으로 추진해 성공한 이래 2008년 10월 현재 54건이 CDM 사업으로 추진되고 있으며, 유엔 등록을 완료한 사업은 총 19건이다. 우리나라의 CDM 등록 사업 수는 전체 국가들 중 19위이고, CERs 발행량에 있어서는 9위를 나타내고 있다. 우리나라의 경우 등록된 CDM 사업에 비해서 상대적으로 CERs 발행량이 많은 것은 SF_6, N_2O 저감 사업 등 GWP가 높은 사업들이 포함되어 있기 때문이다.

국가(Host Country)	사업 수	퍼센트
기타 국가	232	19.8
칠레	25	2.1
한국	33	2.8
멕시코	106	9.1
브라질	145	12.4
중국	271	23.2
인도	358	30.6
총계	1,170	100

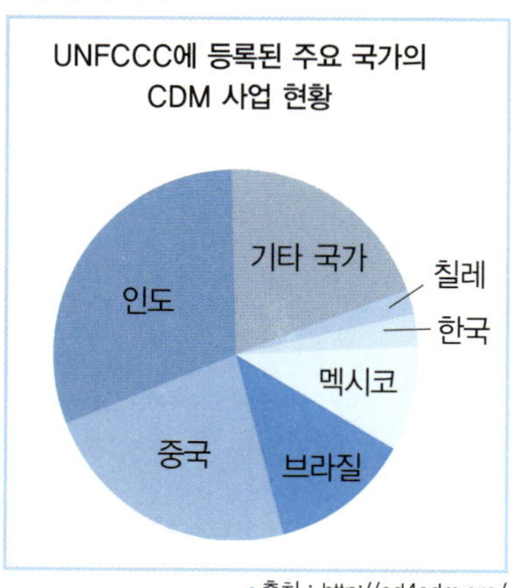

• 출처 : http://cd4cdm.org/

chapter 3

청정 개발 체제의 전망과 우리의 대응

현재 CDM 사업은 선진국들의 적극적인 발굴과 개도국들의 유치 노력에 힘입어 전 세계적으로 활발히 추진되고 있으며, 사업의 다양성 역시 지속적으로 증가하는 추세다. 아울러 할당량 거래 시장인 EU-ETS 외에 감축 사업을 통해 발생되는 배출권(Credit)의 거래 시장을 포함한 배출권 시장의 급격한 증가와 탄소 거래 시장의 초고속 성장세는 교토 체제 이후의 새로운 감축 체제에 대한 청사진을 담보로 당분간 계속될 것으로 보인다.

그러나 일각에서는 CDM 사업을 포함한 교토의정서의 신축성 메커니즘의 실효성에 관해서 의문을 제기하고 있으며 이러한 비판과 우려는 CDM 사업의 출발에서부터 존재해왔다. 특히 CDM 제도와 배출권 거래 제도에 대하여는, 지구온난화에 대한 역사적 책임이 있는 선진국들이 별

다른 감축 노력 없이도 최소의 경제적 부담만으로 온실가스를 감축하고, 특히 개도국의 CDM 사업을 통해 획득한 배출권을 통해 형성된 배출권 시장을 이용하여 부를 재생산할 수 있게 된다는 도덕성 문제와 함께 전 지구적 측면의 실질적인 온실가스 감축 효과에 대한 의문이 제기되었던 것이다. 또한, 이후 개도국들이 온실가스 감축 의무를 부과받게 될 경우, 감축 한계 비용이 높은 사업들만 남게 될 것이라는 비판이 대두되기도 했다. 아울러 CDM 사업의 유치국들의 경우, 사업 추진이 중국과 인도를 중심으로 한 선발 개도국에 치우쳐 있어 아프리카 지역의 소외 등 지역적 형평성 문제와 함께 지구온난화 지수가 높아 CERs 획득에 유리한 사업 추진과 관련된 회의론도 지속적으로 제기되고 있는 형편이다.

그러나 지난 2007년 기후변화 당사국 총회에서는 발리 로드맵을 발표한 이후 지속적인 회합을 통해서, 2012년 이후의 새로운 체제를 준비하는 한편 CDM 사업의 기준 강화와 미국의 참여 등 기후변화협약의 목표를 달성하고, 지구온난화로 인한 인류의 재난을 막기 위한 노력을 계속하고 있다. 특히 CDM 집행부에서는 CDM 사업의 증가와 함께 CERs 발행량 증가로 인한 배출권 거래 시장의 불안에 대비하여 추가성 검토 기준을 강화하는 등 배출권 시장의 안정에도 노력을 기울이고 있다.

한편 세계 10위의 이산화탄소 배출국인 우리나라로서는 국제사회로부터 배출 감축에 대한 의무 부담 압력이 교토 체제 이후 더욱 거세질 것으로 예상된다. 우리나라는 현재 온실가스 배출 증가 속도에 있어서 세계 9위(2005년 기준)로 OECD 국가 중 가장 빠른 배출 증가세를 보이고 있어, 현재는 감축 의무가 없으나 향후 기후변화 대응 문제가 중요한 현안이 되고 있다.

우리나라는 2008년 9월에 발표된 정부의 4차 기후변화 종합 대책과 함께 기후변화 대책 법안 마련 등 실제적인 대응 방안을 찾기 위해 정부 차원의 노력뿐 아니라, 산업계에서도 온실가스 감축과 함께 새로운 환경 장벽(무역 제제 등)에 대한 대책, 급성장하는 탄소 배출권 시장에 대한 대비 등을 서두르고 있다. 정책적으로 이른바 기후 산업의 육성을 통한 새로운 성장 동력을 확보하고, 고효율 저탄소의 자원 순환형 사회 시스템을 구축함으로써 지구적인 환경 문제에 대하여 글로벌 리더십을 발휘하겠다는 정부의 적극적 대응 노력이 계속되고 있는 것이다. CDM 사업의 실효성에 관한 문제는 아직도 해결해야 될 숙제지만, 지구온난화라는 인류 공동의 문제를 해결하기 위한 방안으로써의 CDM 사업은 앞으로도 새로운 모습으로 진화를 계속하며 활발히 추진될 것으로 예상된다.

3

재생에너지에는 어떤 것이 있을까?

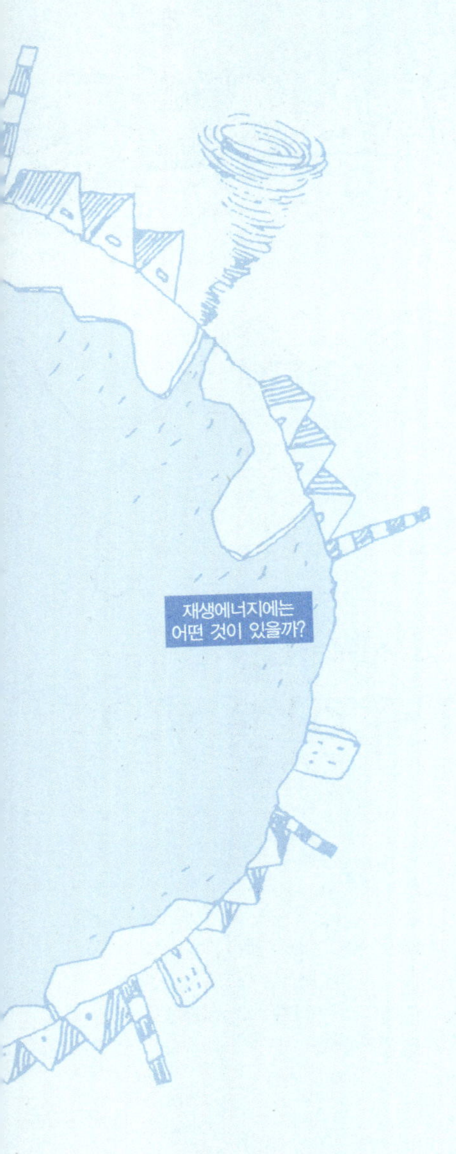
재생에너지에는
어떤 것이 있을까?

chapter 1

태양에너지의 활용 기술은
얼마나 발전했을까?

앞서 살펴본 것처럼 신재생에너지는 재생에너지(renewable energy)와 신에너지(new energy)로 나눌 수 있다. 재생에너지는 태양열, 태양광, 풍력, 조력, 지열처럼 자연 상태에서 만들어진 에너지를 일컫는 말이다. 재생에너지의 기술적 범위는 태양에너지, 풍력, 수력, 바이오 연료 등으로 매우 범위가 넓다. 우리는 이러한 재생에너지 중 최근 집중적으로 주목받고 있는 것들에 대해 질문을 던짐으로서 신재생에너지의 현재적 위상을 알아보고자 한다.

최근 폭등과 폭락을 거듭하며 한국 경제에 큰 영향을 주고 있는 유가의 문제가 아니더라도, 부존자원이 부족한 우리나라가 장기적인 에너지 독립을 추구하기 위해서는 지속적인 연구와 개발이 필요하다. 특히 재생에너지는 항상 우리 주변에 있는 무한에 가까운 자연환경을 자원으로 하는 에너지이기 때문에 우리의 적극적인 관심이 필요한 분야다. 여기서는 대표적인 재생에너지의 현황과 쟁점들을 확인하고 기술적 내용을 살펴봄으로서 현실화 가능성에 대한 기본적인 판단을 시도해보고자 한다.

태양에너지에 대한 오랜 기대

태양에너지를 대하는 우리의 자세는 마치 공기를 대하는 자세와 같다. 아무런 대가를 지불하지 않아도 쉽게 취할 수 있기 때문에 그 고마움을 느끼지 못한다. 그러나 공기가 없이는 인간이 단 1분도 살 수 없는 것처럼, 태양에너지는 지구에서 인간이 살 수 있게 해주는 근본적인 에너지원이다. 어느 날 갑자기 태양에너지가 50퍼센트만 줄어든다 해도, 인류는 물론 대다수의 생물들이 멸종될 것이고, 지구의 95퍼센트 이상이 얼음으로 뒤덮일 것이다. 우리는 다만 그것이 항상 거기에 있기 때문에 그 존재감을 느끼지 못할 뿐이다.

우리가 태양에너지를 생각하면, 가장 먼저 떠올리는 것은 지붕 위에 커다란 집열판을 올린 태양열 주택이나 태양전지를 달고 달리는 자동차 정도가 될 것이다. 기억하건대 이렇게 태양에너지가 미래 에너지로 등장한 것은 이미 1970년대 말부터였다. 이미 그 시기부터 구체적인 모델이 제시되었던 태양에너지 그리고 대표적인 태양전지의 활용은 지금 어디까지 와 있는가 궁금하지 않을 수 없다.

일반적으로 태양에너지 이용 기술은 두 가지로 나뉜다. 태양광과 태양열 이용 기술 방식이 그것이다. 우선 태양광 발전은 태양광을 직접 전기 에너지로 변환시키는 기술이다. 태양광 발전은 햇빛을 받으면 광전효과에 의해 전기를 발생시키는 발전 방식으로 태양광 발전 시스템은 태양전지로 구성된 모듈(module)과 축전지 및 전력 변환 장치로 구성된다. 또 하나는 태양열 발전으로 태양광선의 파동 성질을 이용하는 태양에너지 광열학적 이용 분야이며, 태양열의 흡수, 저장, 열변환 과정 등을 통하여 건물의 냉난방 및 급탕 등에 활용하는 기술이다. 태양열 이용 시스템은 통상 집열부, 축열부, 이용부로 구성된다.

태양열 이용은 인류의 역사와 더불어 시작된 가장 역사가 오래된 신재생에너지원 중에 하나다. 그러나 태양열 이용 기술이 본격적으로 연구되고 확대 적용되기 시작된 것은 2차 오일쇼크 이후인 1970년대 말부터다. 폭등한 유가에 당황한 세계는 이것을 대체할 수 있는 가장 뚜렷한 에너지로 태양열을 꼽은 것이다. 현재 사용되고 있는 태양열 온수기 및 시스템, 태양열 난방·급탕 시스템, 태양열 발전, 태양열 산업공정열 등 대부분의 설비형 태양열 시스템과 자연형 태양열 시스템이 그때부터 연구되어 1980년대에 들어와서 시범 적용 및 상용화되기 시작한 것들이다.

태양전지는 물론 태양광을 이용하는 방식이다. 태양광 발전 기술이 최근 국내외적으로 큰 주목을 받고 있는데, 그 핵심소자인 태양전지는 1839년 프랑스 과학자 베크렐(Antoine Henr Becquerel, 1852~1908)이 전해질 속에 담겨진 두 개의 금속 전극으로부터 발생하는 전력이 빛에 노출 시 세기가 증가하는 광기전력 효과를 발견한 것으로부터 그 역사가 시작되었다. 1954년 미국 '벨 연구소(Bell Labs)'에서 실리콘을 소재로 한

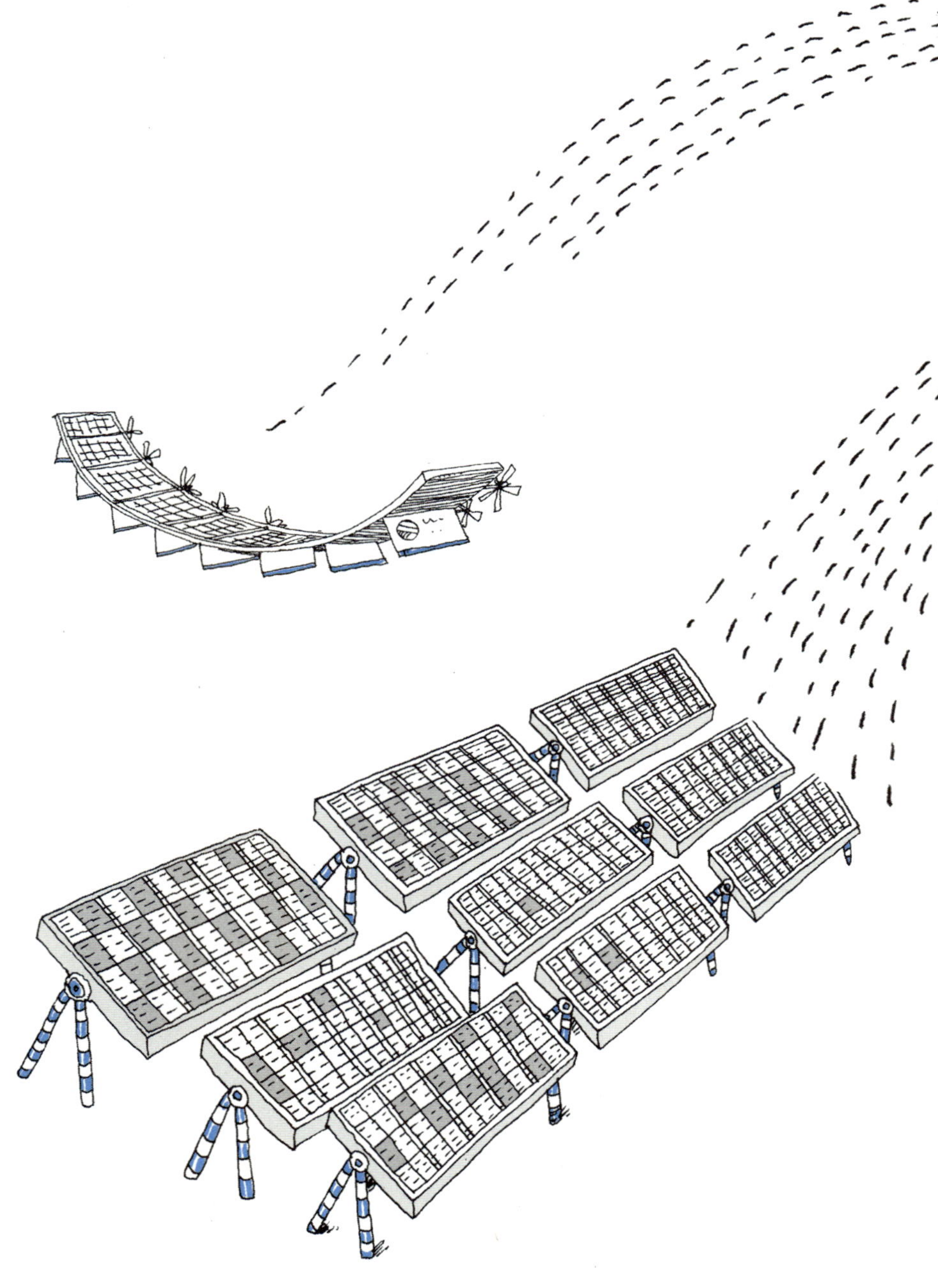

최초의 태양전지가 개발되었고, 1958년 우주선 뱅가드 1호의 전원 공급용으로 최초로 실용화되기에 이르렀다. 지난해는 최초의 상업용 태양전지가 출현한 지 50년이 되는 해였다. 1970년대 두 차례의 석유파동을 겪으면서 태양에너지는 미국, 유럽, 일본 등에서의 체계적이고 집중적인 연구 개발에 힘입어 1980년대부터 제한적이긴 하지만 지상 발전용으로 활용이 시작되었고, 이어서 에너지 환경 문제가 지구적 차원의 문제로 부각됨에 따라 최근 가장 유망한 에너지 기술의 하나로 인식되기에 이르렀다. 꽤 오랜 역사를 갖는 셈이다.

대체로 이런 태양에너지 시스템의 이론적 기반은 다음과 같다.

태양으로부터 방출된 태양 복사광선은 지구 대기권을 통과하면서 지표면에 도달하게 된다. 이때 다음의 그림에서처럼 가스, 공기 입자, 구름, 먼지, 매연 등의 물질에 의해서 일부가 산란 또는 흡수된다. 이 중 산란 없이 태양으로부터 지표면에 직접 도달되는 일사광선을 '직달일사(Direct Radiation)'라 하고, 산란되어 지표면에 도달하는 일사광선을 '산란일사(Diffuse Radiation)'라 한다. 이들 두 가지 일사 모두를 합쳐 지표면에서의 '전일사(Total Radiation)' 즉 일사량이라 한다. 태양을 집열하는 기술 중에 집광해서 집열하는 기술은 주로 직달일사가 사용되며, 비집광 기술은 직달일사와 산란일사 모두를 사용한다. 태양으로부터 산란이나 흡수 없이 지표면에 도달되는 일사량(대기권 밖의 일사량을 의미함)은 제곱미터당 약 1,353와트이며, 이 값을 태양상수(Solar Constant)라고 한다.

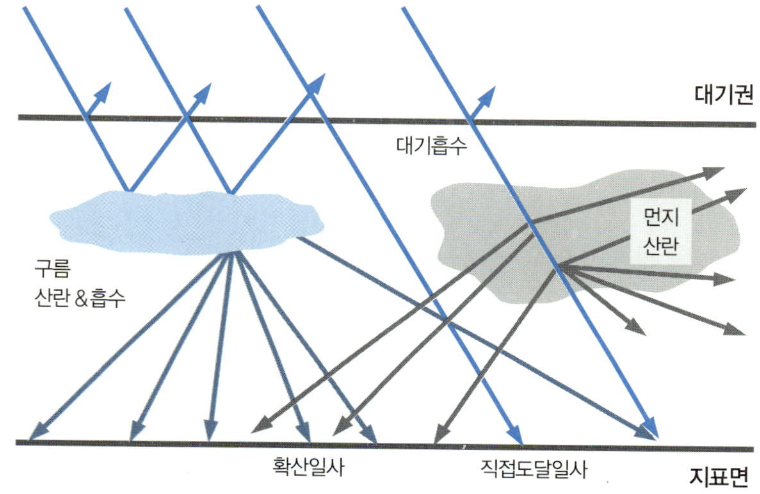

    태양전지(Solar Cell 또는 Photovoltaic Cell)는 태양광을 직접 전기로 변환시키는 태양광 발전의 핵심 소자다. 예로서 뒤쪽의 그림과 같이 반도체의 pn접합으로 만든 태양전지에 반도체의 금지대폭(Eg : Band-gap Energy)보다 큰 에너지를 가진 태양광이 입사되면 전자-정공 쌍이 생성되는데, 이들 전자-정공이 pn접합부에 형성된 전기장에 의해 전자는 n층으로, 정공은 p층으로 모이게 됨에 따라 pn간에 기전력(광기전력 : Photovoltage)이 발생하게 된다. 이때 양단의 전극에 부하를 연결하면 전류가 흐르게 되는 것이 작동 원리다.

    태양전지의 종류는 크게 두 가지로 나뉜다. 우선 결정질 실리콘계 태양전지(기판형)는 시스템화 연구를 통해 상품화 단계에 도달한 기술이다. 여기서 한발 더 나아간 다결정질 실리콘 박막형 태양전지는 기초 연구

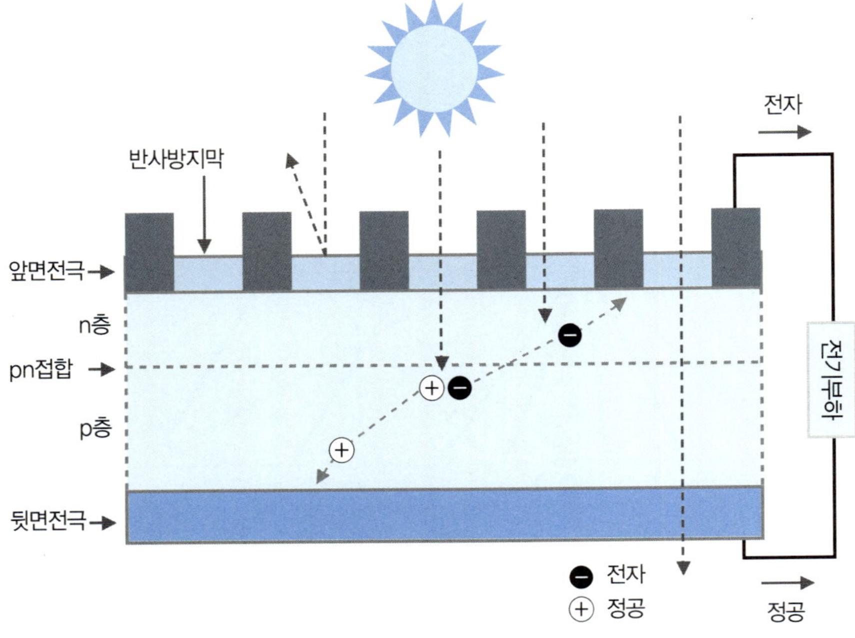

단계로 요소 기술을 확보했으나 상품화를 위한 제조설비의 투자비 과다로 사업화가 아직 덜 되었다. 다른 하나는 화합물계 태양전지다. 결정화합물계 Ⅲ-Ⅵ족(CdTe, CuInSe2 등) 태양전지는 효율이 높은 것이 장점이나 저가화, 대면적화가 문제로 이러한 부분을 해결하기 위한 기초 요소 연구를 수행 중이라고 보면 된다.

이러한 태양전지는 필요에 따라 직·병렬로 연결하여 장기간 자연환경 및 외부 충격에 견딜 수 있는 구조로 만들어 사용하게 되는데, 그 최소 단위를 태양광 모듈(Photovoltaic Module)이라 한다. 그리고 실제 사용 부하

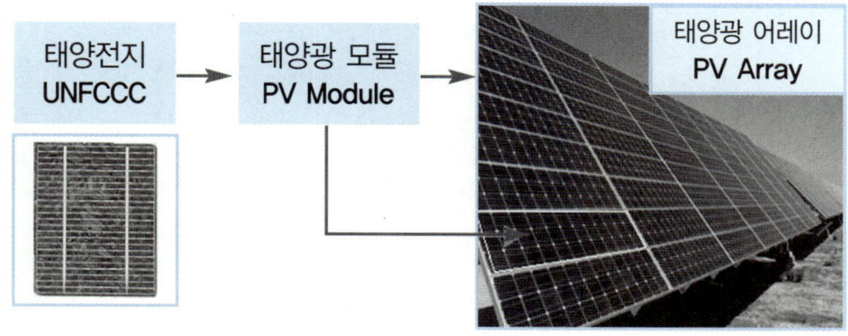

에 맞추어 모듈을 어레이(Photovoltaic Array) 형태로 구성하여 설치하게 된다. 태양광 발전을 위해서는 핵심 구성품인 태양광 어레이와 함께 태양전지로부터 생성되는 직류 전기를 교류로 변환시키는 인버터, 비 또는 눈이 며칠간 계속되는 경우를 대비한 축전지 등의 주변장치(Balance of System)가 필수적이다.

태양전지를 이용한 태양광 발전은 환경친화적으로 화석 연료를 사용하는 다른 발전 방식과 같이 대기 오염이나 소음의 발생이 없고, 에너지원이 무한하여 석유 자원과 같이 고갈의 염려가 없다는 것이 가장 큰 매력이다. 기술적으로 규모(태양전지의 면적)에 의해 발전량은 변하지만 발전효율은 규모에 관계없이 일정하기 때문에 소규모에서 대규모 부하까지 대응할 수 있고, 특히 발전 시간이 첨두부하가 걸리는 시간(낮)과 일치하므로 하절기 첨두부하를 줄여주는 부가효과가 있다. 또한 태양빛이 닿는 곳이면 전기를 필요로 하는 어느 장소에서든지 발전할 수가 있고, 소형으로 만들어 휴대할 수도 있다. 그리고 태양으로부터 오는 직사광뿐

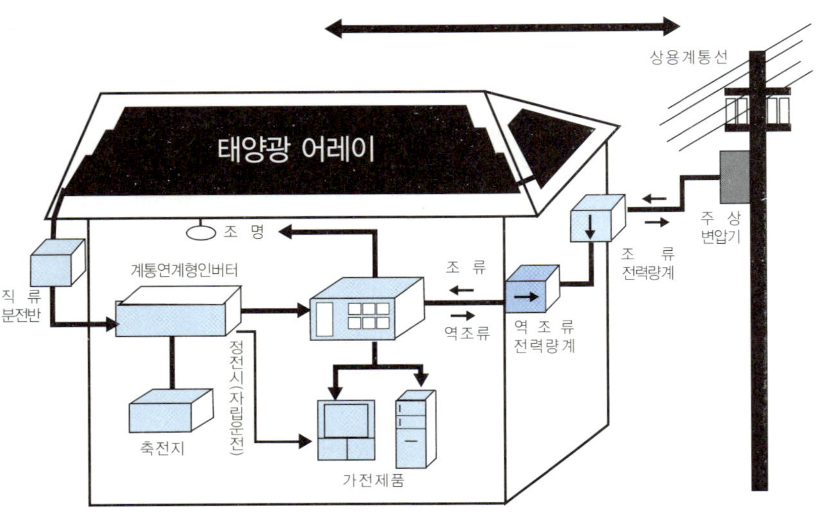

만 아니라 산란광에 의해서도 그 빛의 강약에 따라 전력을 발생할 수 있다. 게다가 발전을 위한 연료를 공급할 필요가 없는 것은 물론이고 기계적인 구동 장치가 없어 거의 보수가 필요 없고, 자동 원격 운전이 가능하다. 끝으로 내후성과 신뢰성이 이미 확인되어 현재 기술로서도 25년 이상 작동이 가능한 것이 특징이다.

태양전지는 어떻게 활용되고 있는가?

우주에서 시작된 태양전지 시장은 지상용으로 꽃을 피우기 시작하여 매년 시장이 급팽창하고 관련 산업도 이미 완전한 궤도에 올라 성장에 성장을 거듭하면서 선도국 간의 기술 경쟁도 매우 치열하게 전개되고 있다. 일본, 독일, 미국 등에서는 대규모 정부 지원에 따른 시장의 확대와 함께 기업과 정부 공동의 체계적인 기술 개발에 힘입어 태양전지 생산량이 매년 비약적으로 늘어나고 있다. 초기의 태양전지는 우주용을 거쳐 전기를 필요로 하는 무인등대나 오지 주민의 응급 시를 대비한 필수용품으로 사용되었으나 점차 라디오나 백신용 저장고의 전원 공급용으로 사용 범위가 확대되기 시작해 현재는 항공, 기상, 통신 분야에까지 사용되고 있다. 또한 연구 개발의 진전과 함께 가로등, 배터리 충전기 등은 물론이고 주택이나 건물의 지붕과 벽체에 기존의 건축 자재를 대신하여 사용되는 등 우리 주변에까지 널리 파급되고 있다. 이미 10MW이상의 대규모 발전소도 출현하고 있다. 또한 최근에는 태양전지로 구동되는 자동차, 비행기 등도 주목을 받고 있는데, 다음의 표에서 전반적인 활용도를 살펴볼 수 있다. 태양에너지는 우리가 알고 있는 것보다 훨씬 많은 분야에서 활용되고 있는 것이 사실이다.

분 야	용 도
통신시설	무선중계기, 방송중계국
항공 보안	항공장애등, 항공 보안 및 지원 시설
기상·하천 관측	각종 텔레미터, 텔레미터 중계국, 하천, 댐 관리, 홍수 경보
해양	등대, 등부표, 해상 텔레미터, 선박 비상 전원
도로·교통	가로등, 도로 표시판, 긴급전화, 무인 신호등
산업기기	산업용 전원 공급
농·어·축산업	배수펌프, 배양 시스템, 온실
환경 개선	오수 정화, 호수 정화, 환경 감시
재해·안전	지진, 화재 시 비상 전원, 산불 감시 카메라
교육·오락	광검출기, 완구, 조도계, 교육기기
전자 제품	시계, 라디오, 계산기, 무전기, 휴대전화, PC
주택·건물	주택, 건물 전원 공급
대규모 발전소	계통연계 집중식 발전 시스템
자동차	태양광 자동차, 전기 자동차 보조 전원
항공·우주용	인공위성, 우주발전, 탐사, 비행선, 비행기

우주용을 제외하면 시장 규모 면에서 크게 지상 발전용과 소규모 전자 제품의 전원 공급용으로 나눌 수 있다. 지상 발전용은 다시 계통연계 유무에 따라 독립형 태양광 발전 시스템과 계통연계형 태양광 발전 시스템으로 구분되고, 다시 독립형 태양광 발전 시스템은 주민의 전원 공급용과 특수 목적의 용도(통신용, 해양, 도로교통, 환경 개선 등)로 구분한다.

태양광 기술은 태양빛을 받을 수 있고, 전력을 필요로 하는 모든 곳에 사용이 가능하다. 이용 분야는 크게 지상용과 우주용으로 구분할 수 있

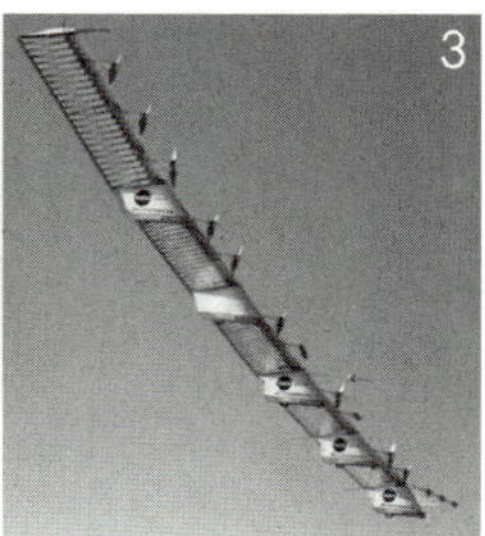

1 단독주택 전원 공급
2 태양광 발전소
3 태양전지 구동 무인 비행기

고 지상용은 다시 계통연계 시스템과 독립 설치형, 운반 가능한 휴대용 태양광 발전 분야로 분류한다.

계통연계형 태양광 발전 시스템은 일반적으로 지면에 대규모로 설치하여 전력을 생산하거나 전력 수용가 근처에서 건물이나 일반주택, 유휴지 등에 설치되어 수용가에 전력을 공급한다. 독립형 태양광 발전 시스템은 상용 전력 계통과 연계하지 않고 태양광 발전기 단독으로 전력을 공급하므로 24시간 내내 전력을 공급하는 것이 불가능하다. 따라서 독립형 태양광 발전 시스템은 해가 뜨지 않는 우천 시나 밤 시간 등 상용 계통 전력이 필요 없는 간이조명, 무선 전원, 도로표식, 소규모 촌락 전화, 물 펌프 등 특수한 부하에 주로 적용되며, 상용 계통이 전력을 공급할 수 없는 도서지역 등에 발전용으로 설치되기도 한다. 마지막으로 운반이 가능한 휴대용 태양광 시스템은 조명, 약품 보관 냉장고, 배터리 충전, 라디오 등에 이용되고 있다.

태양전지 시장과 개발 현황

    태양전지 생산량은 앞에서 본 설치 보급량 증가 추이와 비슷하여 매년 45퍼센트 이상의 성장률을 보이고 있다. 추정치이긴 하지만 2007년도 생산량은 약 3,700MW로 전년도의 2,500MW에 비해 약 48퍼센트 증가한 것이다. 국가별로는 일본이 전년도에 비해 점유율이 낮아지긴 했지만 계속 선두를 지키고 있다. 하지만 지역별로는 중국과 대만이 각각 821MW, 368MW를 생산하여 총 1,189MW로 전년 대비 120퍼센트 이상 증가해 유럽, 일본을 추월하고 1위에 올라섰는데, 그 점유율이 약 32퍼센트에 달한다. 아래 표에서 최근 중국, 대만의 약진과 독일을 위시한 유럽의 성장세를 확인할 수 있고, 일본은 생산 규모가 정체되어 있음을 확인할 수 있

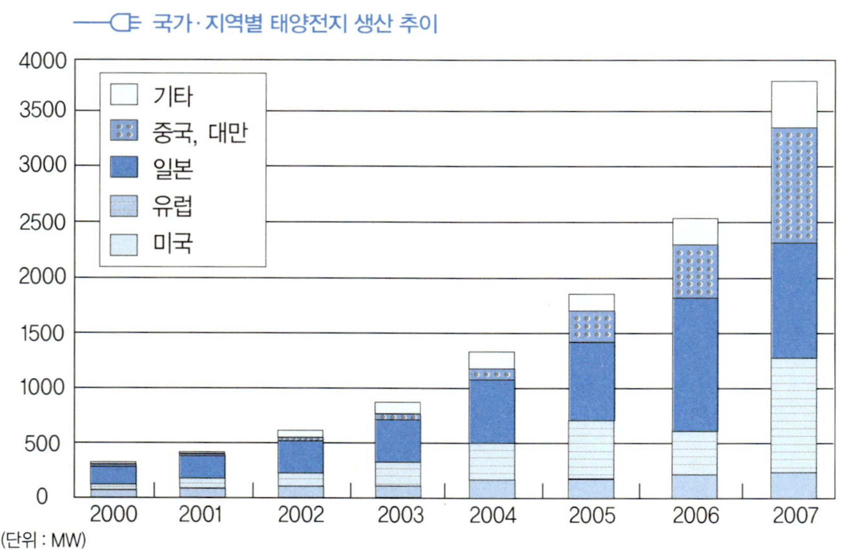

다. 미국의 퍼스트솔라(First Solar) 사가 CdTe 박막 태양전지만으로 한해 207MW를 생산하여 2006년 11위에서 2007년 5위로 순위를 올린 것은 전체 박막 태양전지 기술 측면에서 크게 주목해야 할 점이다. 일본과 독일에서는 주택 및 건물용 태양광 발전 시스템과 발전용 대규모 시스템의 대량 보급을 통한 시장 확대 정책의 추진으로 태양전지 산업이 이제는 완전히 새로운 산업으로 자리매김하고 있다. 2007년도 전 세계 태양전지 산업은 태양전지 모듈(평균 단가 4달러/W) 기준으로 약 150억 달러, 태양광 발전 시스템 기준으로는 약 250억 달러에 달한다.

최근 국내에서도 많은 기업들이 태양전지 사업 계획을 발표하는 등 큰 변화가 이루어지고 있다. 2007년 현재 웨이퍼 및 태양전지 제조 회사가 각 1개, 그리고 모듈 제조 회사가 8개 정도다. 소재 수급 측면에서 LG 실트론이 2007년 10MW 규모의 웨이퍼 생산 라인을 완성했고, 웅진에너지가 잉곳 생산을 시작했다. 한편 OCI(구 동양제철화학)가 원소재인 다결정 실리콘 생산 라인을 2008년 완공하여 원재료부터 모듈까지 완전한 형태의 산업 구조를 갖출 수 있게 되었다. 모듈 제조업체는 그동안 소요되는 태양전지를 대부분 수입에 의존했고, 또 최근 수년간 전 세계적인 원재료 공급 차질로 인하여 수입도 어려운 실정이었으나, 2008년 현대중공업과 미리넷솔라가 태양전지 생산 라인을 갖추게 되면서 모듈 제조라인 가동률을 크게 높일 수 있었다. 한편 한국철강이 국내에서는 최초로 박막 실리콘 태양전지 모듈 생산 설비를 갖추고 상업화에 착수하여 그 추이가 주목받고 있다.

향후 태양전지 시장과 산업의 전망에 대해 독일 포턴 컨설팅(Photon

Consulting)에서는 2006~2010 사이 연간 55퍼센트의 성장률을 전제로 2010년 연간 15기가와트(GW)의 시장이 형성될 것으로 전망한 바 있는데, 금액으로는 약 700억 달러에 해당한다. 2007년 그린피스와 유럽 태양광산업협회가 공동으로 발간한 보고서 「Solar Generation V-2008」에 따르면 2030년까지 약 1,864GW의 태양전지를 보급하여 전 세계가 필요로 하는 전기의 약 9퍼센트를 충당할 수 있고, 2030년의 연간 시장 규모는 4,540억 유로에 달할 것이라는 전망이다. 유럽연합에서 발간한 「태양광 현황보고서」도 유사한 전망을 하고 있다. 이처럼 태양광 기술은 이미 다음 세대의 새로운 성장 산업으로 그 형태를 확고히 굳혀가고 있는 것이다.

미국, 일본, 유럽에서는 기존의 결정질 실리콘을 대체하고 나아가서는 기존의 발전 방식과 경쟁이 가능한 박막 태양전지의 연구 개발을 국가적인 차원에서 계획하고 추진하고 있다. 장기적인 목표에서 나라마다 큰 차이는 없지만, 특히 미국은 박막 재료에 무관하게 상업용 모듈의 효율을 2010년 12~17퍼센트, 2020년 18~24퍼센트를 목표로, 그리고 이를 토대로 한 태양광 발전 시스템의 발전 단가는 2010년 7.4센트/kWh, 2020년 4.6센트/kWh를 목표로 설정해놓고 있다.

현재 기술을 선점하고 있는 유럽, 일본, 미국의 동향을 주시하면 현재의 박막 기술로도 조만간에 시장 점유율이 크게 증가할 것으로 전망되고 있다. 실리콘 박막, CIGS(구리·인듐·갈륨·셀레늄 화합물), CdTe(카드뮴 텔룰라이드) 화합물 박막 태양전지와 관련 현재 2010년까지 생산 계획을 발표한 기업들의 신규 설비 및 확장 설비를 모두 합하면 약 5GW에 이르는데, 박막 태양전지가 적어도 20퍼센트로 시장 점유율을 넓혀갈 것으로

	2007	2010	2020	2030	비고
연간 보급(GW)	2.4	6.9	56	281	
보급 누계(GW)	9.2	25.4	278	1,864	
전기 소비의 태양전지 기여도(%)	0.07	0.16	2.05	8.90	그린피스-
시장 가치(10억 유로)	13	30	139	454	EPIA 보고서
연간 이산화탄소 절감(백만 톤)	6	17	217	1,588	
고용(천 명)	119	333	2,343	9,967	
보급 누계(GW)	6.6	14.0	200	1,830	EU, PV Status 보고서

예측된다.

　국내의 경우 단기적으로는 기존 주택과 건물의 지붕과 벽체 및 유휴지에 설치하는 계통연계형 시장 잠재량이 약 19GW 정도가 될 것으로 예상되는데, 물론 태양전지가 경제성을 갖게 되면 그 시장은 폭발적으로 증가할 것이다. 참고로 2007년 말 현재 국내의 발전 설비 용량은 약 70GW다. 2003년 정부에서는 2012년까지 3kW 용량의 주택용 태양광 발전 시스템 10만 호, 공공건물 4만 동, 산업용 3만 동에 합계 1,300MW를 보급하는 계획을 수립하고 현재 목표 달성을 위해 연구 개발, 시범, 보급에 많은 지원과 제도를 마련하여 시행하고 있으며, 이에 호응하여 많은 기업들이 새롭게 태양전지 산업에 동참하고 있다.

　우리나라도 1988년 '대체에너지개발촉진법'의 발효와 함께 정부 차원에서 개발에 착수한 이래, 2012년까지 다량보급형 태양전지 발전 시스템을 구축하고, 저가상품화를 통해서 태양광 발전 시스템 보급형 패키지

상품화와 기술 개발을 완료하는 것을 목표로 지원 사업들이 한창이다. 상대적으로 누적된 기술이 충분하고 쓰임새가 다양하여 우리 일상에 가장 근접한 실제적인 효과를 발휘할 것으로 예상되고 있다.

태양전지를 핵심으로 하는 태양광 발전은 다양한 크기로 시스템을 구성할 수 있다는 장점 때문에 더욱 용이한 실제 적용이 기대되는 분야다. 주로 대규모의 구성이 필요한 태양열 발전과 비교하여 상대적으로 적은 설비 투자가 가능하기 때문에 지금까지보다 향후 더 많은 활용을 예측해 볼 수 있는 분야인 것이다.

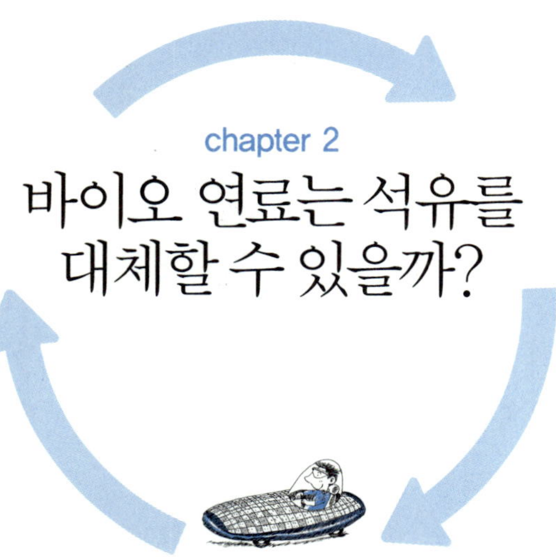

chapter 2

바이오 연료는 석유를 대체할 수 있을까?

애그플레이션을 몰고 온 바이오에너지

농업을 뜻하는 영어 단어 애그리컬처(agriculture)와 인플레이션(inflation)의 합성어인 '애그리플레이션(agriflation)' 혹은 '애그플레이션(agflation)'이 최근 들어 매우 긴급한 화두가 되고 있다. 말 그대로 농산물 가격 상승에 따른 물가상승을 의미하는 이 단어는, 구체적으로 국제 곡물 가격의 급등과 관련 식료품을 비롯한 전반적인 물가 상승 압력의 심각성을 표현하고 있다. 애그플레이션을 주도하는 대표적인 곡물은 밀과 옥수수, 콩이며 다른 농산물의 추이도 크게 다르지 않은 상황이다. 밀, 쌀, 옥수수 등 국제 농산물 가격은 최근 연일 신고가를 경신하고 있는 형편이다. 이를 두고 영국의 경제주간지 이코노미스트는 "지난 30년간 지속된 '값싼 농산물 시대'는 종말을 고했다"고 진단했고 유엔식량농업기구(UNFA)의 자크 디우프(Jacques Diouf, 1938~) 사무총장은 "식료품 인플레이션이 사상 최악"이라고 우려했다.

이렇게 곡물 값이 뛰는 가장 큰 이유는 수요 폭증이다. 중국과 인도 같은 인구 대국의 경제가 급성장하면서 곡물 수요가 크게 뛰어 수급 불안을 유발했고 여기에 바이오 연료를 비롯한 대체에너지 개발 붐이 가세하면서 걷잡을 수 없는 폭등세를 연출하고 있는 것이다. 국제 유가 급등에 따라 옥수수 등을 대체 연료 개발에 쏟아부으면서 사람이나 동물의 먹거리로 쓰여야 할 곡물이 줄어든 것이다. 심지어 미국에서는 옥수수 대신 건포도나 초코칩, 말린 과일 같은 사람들의 간식을 돼지 사료로 쓰는 사육 농가가 점차 늘어나고 있는 추세라고 한다. 쓴웃음을 짓게 하는 뉴스다. 전례 없던 인플레이션을 촉발하는 근본 원인으로 제기되는 바이오에너지. 도대체 얼마나 거대한 규모로 현실화하고 있는 것일까?

바이오에너지(Bio Energy)란 태양광을 통해 광합성을 하는 유기물(주로 식물)과 유기물을 소비하여 생성되는 모든 바이오매스(Biomass) 에너지를 뜻한다. 이것은 재생이 가능하며 환경친화적일 뿐 아니라 기존 인프라에 큰 변화를 가하지 않으면서 화석 연료를 대신할 수 있어 여러 대체에너지 중 수력 발전과 함께 가장 널리 이용되고 있다. 여기서 말하는 바이오매스는 식물이나 미생물 등을 에너지원으로 이용하는 생물체로, 지구상에서 1년간 생산되는 바이오매스 양은 석유 전체 매장량과 맞먹어 적절하게 이용하면 고갈될 염려가 없다. 이러한 바이오에너지는 바이오디젤, 메탄가스화 및 수소화, 우드 펠릿 등 다양한 분야에 적용된다.

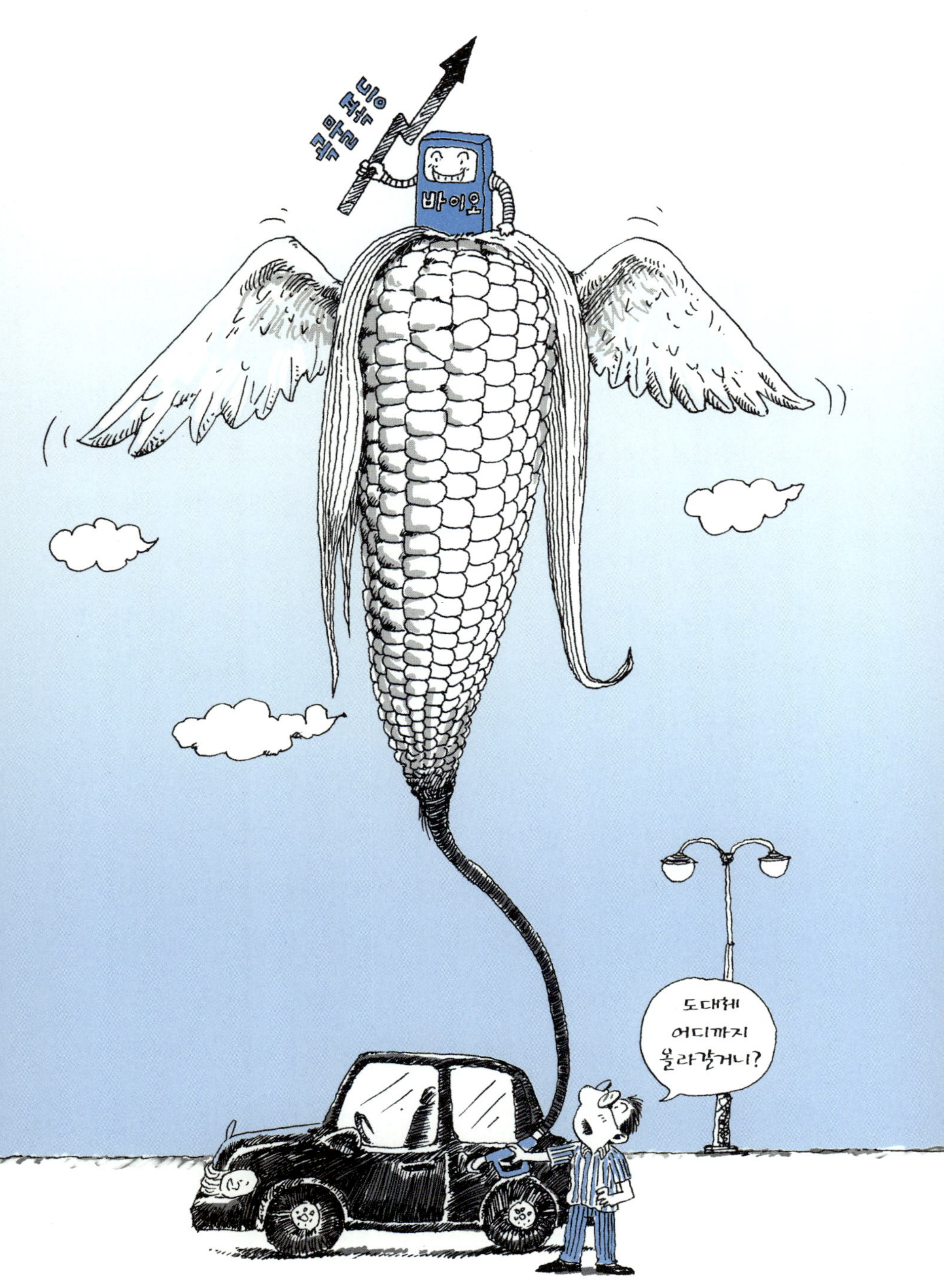

바이오
부르
앙
도대체
어디까지
올라갈거니?

미국의 경우 정부 주도로 상용화 기술 개발과 보급을 추진하고 있고, 유럽은 EU 차원의 기술 개발 및 실증 시험 사업과 이미 상당한 발전을 이뤄낸 바이오에너지 공급 사업자 중심으로 보급을 확대 중이다. 미국은 연료용 알코올 보급(28억 1,000만 갤런 2003년), 바이오 디젤 보급(2,000만 갤런, 2003년), 매립지가스(LFG) 이용(360개소, 730MW, 1998년)에 주력하고 있으며 EU는 매립지가스 이용(400개소, 670MW, 1999년), 메탄가스 발전 시설(100개소, 240MW, 2000년) 등이 활발하다. EU는 2010년까지 전체 대체에너지의 70퍼센트 이상을 바이오에너지로 공급할 예정이다. 이외에도 농부산물 바이오매스 가스화 이용(중국), 도시 쓰레기 소각열 발전, 메탄올 생산 이용(일본), 미국과 목질계 에탄올 기술 개발 협력(스웨덴, 캐나다, 브라질), 바이오매스 가스화 발전 기술 실증(스웨덴), LFG 및 바이오가스 이용 기술 개발 적극 추진(네덜란드, 덴마크) 등과 같이 각 나라들이 바이오에너지에 대한 투자를 적극 늘리고 있다. 가히 전 세계가 바이오에너지에 열광하고 있는 중이라고 할 수 있다.

넓은 의미에서 바이오에너지란 유기체로부터 생산 가능한 모든 에너지를 지칭한다. 나무를 장작 등 땔감으로 이용하는 고형 연료, 폐기물로부터 생산한 메탄(바이오가스) 등의 기체 연료와 바이오에탄올, 바이오 디젤 등의 수송용 연료 등이 있다. 통상적으로 바이오 연료를 이야기할 때는 수송용 바이오 연료를 지칭한다. 현재 차량 연료로 사용하는 휘발유와 경유는 자원이 한정된 석유로부터 만들어지므로 석유 고갈에 대한 우려가 항상 있을 수밖에 없다. 따라서 이러한 원료의 고갈 문제를 해결하기 위해서는 자원 고갈 걱정이 없는 재생에너지의 활용이 필요하다.

바이오 연료 이외에도 태양광, 풍력, 수소 등 다양한 재생에너지가 있지만 이러한 재생에너지는 전용 차량과 보급 인프라의 구축이 필요하다는 문제가 있다. 즉 태양광, 풍력 등은 전기를 생산하므로 전기 자동차 그리고 수소의 경우에는 수소 또는 연료전지로 구동되는 자동차의 개발이 각각 필요하며 전기 또는 수소를 차량에 공급하기 위한 충전소도 많은 장소에 설치되어야 한다. 하지만 이러한 자동차의 개발 보급과 충전소의 설치에는 많은 비용이 소요되므로 이러한 재생에너지원을 사용하는 차량은 단기적인 해결책이 될 수 없다. 하지만 바이오 연료는 기존의 차량 연료인 휘발유, 경유 등과 혼합하여 사용할 경우 현재 운행 중인 차량과 이미 구축된 주유소를 그대로 사용할 수 있으므로 가장 경제적이다. 또한 바이오 연료의 제조에 원료로 사용되는 식물은 자라는 과정에서 이산화탄소를 흡수하므로 바이오 연료의 사용 시 대기 중 이산화탄소 농도 증가 효과가 낮아 이산화탄소 배출 문제 해결에 도움이 될 뿐만 아니라 자원 고갈 문제도 없다.

무엇보다 역사가 오래된 바이오 연료는 수송 용도의 연료다. 가솔린을 넣지 않고 달리는 무공해 자동차는 상상만 해도 새로운 느낌이다. 수송용 바이오 연료의 역사는 1800년대 중반 독일의 루돌프 디젤이 땅콩기름을 디젤 엔진에 직접 연료로 사용하면서 시작되었다. 이후 브라질에서 자국의 주작물인 사탕수수로부터 생산한 에탄올을 1930년대부터 가솔린 엔진에 연료로 사용하면서 확대되었다. 이러한 바이오 연료는 높은 생산 가격 때문에 매우 제한적으로 사용되었지만 1980년대 이후 여러 차례 오일쇼크 때마다 휘발유와 경유 등 차량용 연료의 가격 폭등 문제를 겪으

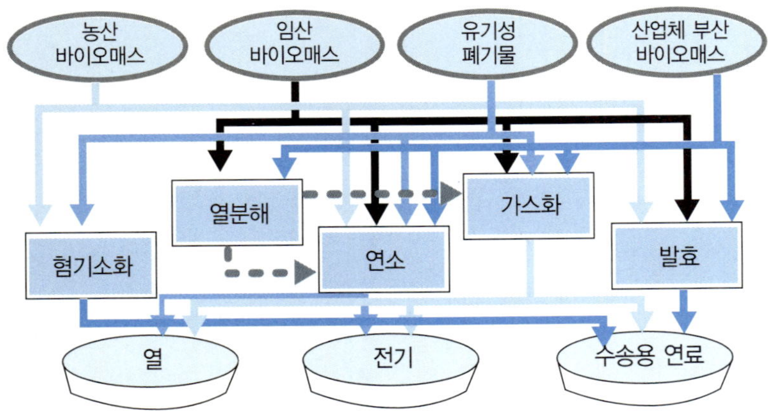

면서 과학자들은 대체 연료의 개발에 대해 관심을 갖게 되었다. 이러한 연구의 결과로 계속 성장이 가능하여 자원 고갈 문제가 없는 식물로부터 휘발유, 경유 등을 대체 사용할 수 있는 차량용 연료를 개발하게 되었다. 이러한 식물로부터 만들어진 차량용 대체 연료를 바이오 연료라고 부르며 이러한 연료에는 휘발유 대체 연료인 바이오에탄올과 경유 대체 연료인 바이오 디젤 등이 있다. 수송용 바이오 연료 기술은 차량의 엔진 기술이 발전하여 보다 고품질 연료의 필요성이 높아짐에 따라 바이오매스를 생물학적 또는 열화학적 방법으로 반응시켜 보다 질 높은 차량용 바이오 연료 전환 기술로 발전하고 있다. 바이오 연료는 생산에 사용된 원료에 따라 식용 바이오매스를 이용하는 1세대 바이오 연료 기술, 비식용 바이오매스를 원료로 하는 2세대 바이오 연료 기술, 수소 등을 생산하는 3세대 바이오 연료 기술로 분류가 가능하며 현재 1세대 바이오 연료만이 사용되고 있다.

바이오 디젤 기술과 현황

경유를 대체할 친환경 연료로 주목받고 있는 바이오 디젤도 기름을 포함한 유지계 바이오매스로부터 생산이 가능하다. 바이오 디젤은 경유와 달리 약 10퍼센트의 산소를 포함하고 있는 함산소 연료로서 연소 시 바이오 디젤에 포함된 산소로 인해 보다 완전한 연소가 일어나 경유에 비해 대기 오염 물질이 40~60퍼센트 이상 적게 배출된다. 또한 바이오 디젤 사용에 따른 전주기 분석(Life cycle analysis)에 의하면 바이오 디젤 1킬로그램 사용 시 경유에 비해 2.2킬로그램 CO_2e의 이산화탄소 배출 절감 효과가 있는 것으로 밝혀졌다. 동·식물성 기름에 알코올과 촉매를 넣고 반응시키면 바이오 디젤이 만들어진다. 식물성 기름은 차량 연료로 사용하기에 충분한 열량을 가지고 있지만 고분자 물질이어서 점도가 너무 높아 차량의 디젤 엔진에 직접 적용하는 것이 어렵다. 따라서 화학 반응에 의해 식물성 기름을 분해하여 저분자화함으로써 점도를 디젤유와 비슷한 수준으로 낮춰주어야 한다. 즉, 유지(동·식물성 기름)에 촉매를 넣고 알코올과 반응시키면 세 분자의 알킬에스터와 글리세린으로 분해된다. 이때 반응에 의해 생산된 알킬에스터를 바이오 디젤이라고 한다. 모든 종류의 알코올이 사용 가능하지만 가장 가격이 저렴한 메탄올을 주로 사용하며, 따라서 생산

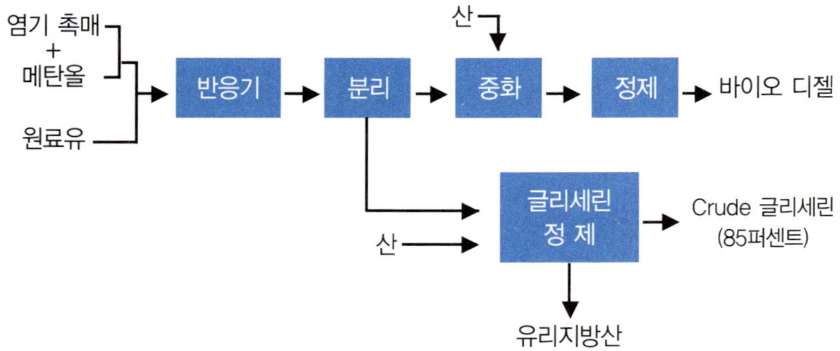

된 알킬에스터도 메틸에스터라고 한다. 반응에 의해 생산된 바이오 디젤은 글리세린 분리와 정제 과정을 거친 후 정유사 또는 주유소에 보내져 경유와 혼합해서 사용하거나 또는 순수 바이오 디젤만으로도 사용이 가능하다. 바이오 디젤은 경유와 물성이 다소 달라 함량이 높을 경우에는 차량에 문제를 일으킬 수 있으므로 현재 디젤 차량 제작사들은 5퍼센트 이하 바이오 디젤이 혼합된 경유에 대해서만 차량 고장시 A/S 보증을 제공하고 있다.

촉매도 마찬가지로 산 촉매와 염기 촉매를 모두 사용할 수 있지만 반응활성이 우수한 염기 촉매를 주로 사용하고 있다. 에탄올의 경우와 마찬가지로 현재 바이오 디젤 생산에 원료로 사용되는 기름은 식용으로도 사용된다. 따라서 바이오 디젤의 보급이 전 세계적으로 활성화될 경우 원료의 가격 상승과 수급 불안의 문제가 있다. 이러한 문제를 해결하기 위해 식용으로 사용이 어려운 원료를 활용하려는 연구가 진행되고 있다.

이러한 원료의 대표적인 예로 폐식용유와 독성이 있어 식용으로 사용이 불가능한 유지식물의 기름 등이 있다. 폐식용유는 현재 상용 공정에서 원료로 사용하는 깨끗한 식물성 기름과는 달리 많은 불순물이 있어 여러 단계의 전처리 기술이 필요하다. 이러한 폐식용유를 원료로 바이오 디젤을 생산하는 기술은 오스트리아에서 세계 최초로 상용화하였으며 이후 우리나라를 포함한 여러 나라에서 실제 사용하고 있다. 오스트리아의 그라츠(Gratz) 시에서는 세계에서 유일하게 가정에서 배출되는 폐식용유를 수거하여 바이오 디젤 원료로 활용하고 있다. 생산된 바이오 디젤은 그라츠 시에서 운행하는 시내버스 연료로 사용되고 있다. 독성이 있어 식용으로 활용이 어려운 다양한 유지식물들 중에서 바이오 디젤 생산 목적에 적합한 식물 종을 찾기 위한 연구도 전 세계적으로 활발하게 진행되고 있으며 최근 자트로파를 유망 후보로 인식하고 국내외 많은 바이오 디젤 기업들이 대규모 재배에 대한 타당성을 검토 중이다.

바이오 디젤은 디젤 차량이 많이 보급된 유럽 지역을 중심으로 생산되고 있으며 독일이 최대 생산 국가다. 원료로 사용된 식물성 기름에 따라

오스트리아 그라츠 시의 폐식용유 수거 용기(좌)와 100퍼센트 바이오 디젤 연료 사용 버스(우)

국가	보급양, 103kl/년	활용 형태
독일	2,890	BD100, BD5
프랑스	872	BD5
미국	1,620	BD20
한국	100	BD20, BD5

* EBB, NBB, 지경부 (2008).
* BD5, BD20, BD100의 숫자는 디젤 연료 중 바이오 디젤의 함량을 의미함.

생산된 바이오 디젤의 물성이 달라지므로 바이오 디젤의 물성 향상에 대한 기술 개발 및 연료 품질 기준의 제정이 필요하다. EU와 미국은 차량 업체와 공동 작업을 통해 각국의 실정에 맞는 바이오 디젤의 품질 기준을 확립한 바 있다.

국내에서도 수도권의 대기 오염이 심각해짐에 따라 환경부에서는 경유 차량에 의한 환경 오염을 줄일 수 있는 대체 연료의 보급 방안을 검토했다. 2002년 환경부와 산업자원부에서는 바이오 디젤을 경유에 20퍼센트 혼합하면(BD20) 일반 경유에 비해 환경 오염물질 배출이 30~40퍼센트 줄어들 뿐만 아니라 기존 차량에도 직접 사용이 가능하다는 점을 인지하여 바이오 디젤을 대체에너지에 포함시켜 경유에 부과되는 특소세가 면제되도록 했다. 또한 바이오 디젤 혼합 연료의 일반 차량에 대한 장기 안정성을 테스트하기 위해 수도권과 전라남북도를 시범 보급 지역으로 지정하였으며 동 지역 소재의 주유소 140여 개를 지정하여 일반 차량에 대해 바이오 디젤 혼합 연료를 판매할 수 있도록 하여 2006년 6월까지 시범 보급을 실시했다. 시범 보급 과정에서 나타난 문제점을 보완하기 위해 2006년 7월부터 바이오 디젤 유통 구조를 일반 주유소에서 판매하는 BD5(바이오 디젤 5퍼센트 이하 혼합 경유)와 운수업체 등 제한된 사업장에서 사용하는 BD20으로 이원화했다.

또한 BD5의 경우 바이오 디젤 업체가 정유사에 판매하고 정유사가 경유와 혼합하여 전국 주유소에 보급토록 조정하였으며 초기 국내 바이오 디젤업체의 생산 능력을 고려하여 BD5의 바이오 디젤 함량을 0.5퍼센트로 정하였고 매년 0.5퍼센트씩 높여 2012년에는 BD5의 바이오 디젤 함량이 3퍼센트가 되도록 결정했다. BD20은 바이오 디젤 업체들이 정유사로부터 경유를 구입하여 직접 제조, 수요처에 판매하도록 함으로써 바이오 디젤 혼합 연료의 사용에 따른 문제 발생 시 책임 소재를 명확히 했다.

국내 바이오 디젤 보급 목표

년도	2006	2007	2008	2009	2010	2011	2012
보급 양, kL/년	10만	10만	20만	30만	40만	50만	60만
BD 혼합율, 퍼센트	0.5	0.5	1.0	1.5	2.0	2.5	3.0

바이오에너지 산업 어디까지 왔나

특히 유럽연합은 교토의정서 발효 이후 바이오에너지에 대한 관심이 집중되면서 최근 연간 50퍼센트 안팎의 높은 증가세를 보이는데 2005년 생산된 바이오 연료는 391.4만 톤으로 2004년에 비해 65.8퍼센트나 증가했다. 유럽연합은 바이오 연료의 수송 연료 시장 점유율을 2020년까지 최소 10퍼센트 이상이 되도록 할 계획이다.

현재 우리나라 대체에너지 중 바이오에너지가 차지하는 비율은 2005년 기준 3.7퍼센트에 불과하다. 기술 수준에서도 유럽연합과 미국에 5~10년 정도 격차를 보여 상용화 시기도 이들 나라에 비해 상당히 늦어질 가능성이 크다. 이에 정부는 2030년까지 경유 및 휘발유의 20퍼센트를 바이오 디젤과 바이오에탄올로 대체하는 '바이오 기술 개발 기본 계획'을 수립해 진행 중이다.

그러나 대부분의 바이오에너지 원료를 수입에 의존하는 실정이라 정부 계획대로 될지 불투명하다. 세계 원료 시장 수급불안 시 급격한 원자재 가격 변동을 초래할 수 있다는 점은 큰 장애물일 수밖에 없다. 실제 전 세계 바이오에너지에 대한 관심 증가로 식물성 오일(팜유, 대두유, 유채유 등) 가격이 급등하기도 했다.

또 폐식용유와 같은 재활용 원료 이용률이 매우 낮다는 점도 고민거리다. '㈜B&D에너지'의 조사 결과에 따르면 현재 폐식용유 중 바이오 디젤의 원료로 사용하기 위해 회수되고 있는 양은 27퍼센트에 불과하다. 그렇다고 유채나 대두와 같은 일부 원료를 재배하자니 비싼 토지 임대료 및 임금으로 인해 채산성이 맞지 않는다. 따라서 안정적인 수급처를 확보하는 동시에 자생력을 기르는 방안이 추진되어야 한다는 의견이 나온다. 산업은행 경제연구소는 「바이오에너지 시장 동향과 대응 과제」라는 보고서를 통해 바이오에너지 생산업체가 직접 곡물, 삼림 등 원료가 풍부한 동남아 등지 진출로 원료를 확보하는 한편 옥수수와 같은 국내 상황에 맞는 에너지 작물 개발을 촉진할 필요가 있다고 지적했다.

앞서 살펴본 것처럼 바이오 디젤을 비롯한 바이오 연료가 진정한 의미에서 석유 연료의 위상을 대치하기 위해서는 여러 가지 문제들을 해결해야만 한다. 기후변화에 따라 전 세계 곡물 시장이 불안한 상황인 데다가, 앞으로도 안정적인 곡물 공급이 이루어질지 의문스럽고 저공해, 무공해라는 이유로 지불해야 하는 원가가 지나치게 높아 효용성은 의심될 수밖에 없다. 기술적인 측면에서도 에너지 산출을 위해 투여되는 원자재의 양이 전체 곡물, 즉 식량 시장에 타격을 줄 정도로 확대될 경우, 이것은 기존의 화석 연료가 불러일으킨 복잡한 문제를 반복할 수밖에 없을 것이라는 주장이 나오는 형편이다. 바이오에너지는 그 가능성과 확산에도 불구하고 여전히 고민해야 할 것이 많은 분야일 수밖에 없다.

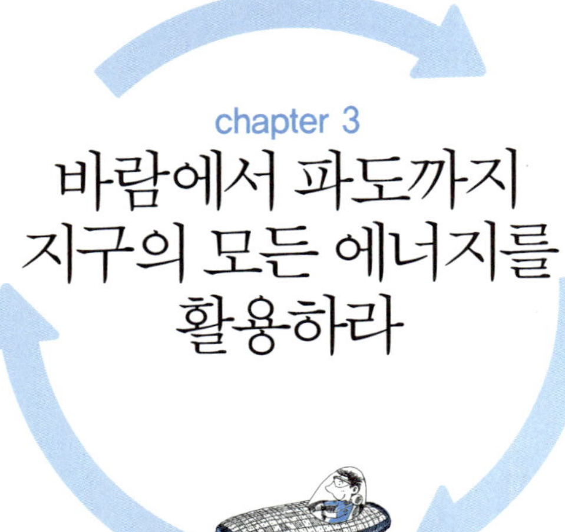

chapter 3
바람에서 파도까지
지구의 모든 에너지를
활용하라

거대한 댐의 시대가 가다

1970년대 우리나라는 댐의 시대였다. 강을 가로막는 장대한 댐의 모습은 국가 발전의 새로운 장을 열어젖히는 이미지를 창출했고 또한 실제로도 많은 부분에서 경제 개발의 상징이 되기에 충분했다. 1960년대에 들어 경제개발 5개년 계획이 시행되면서 본격적인 국토 개발이 이루어졌고, 1970년대에 이르러 수자원 개발이 국토 개발의 중심 사업으로 추진되었다. 이 시기에는 댐의 양적 증가 및 댐 건설 기술의 획기적 발전뿐만 아니라, 다목적 댐의 건설에 주력했던 것이 특징이다. 반복되는 수해의 악순환을 막고 발전, 생활용수, 공업용수, 양어, 관광, 수운 등 수자원을 다방면으로 활용하기 위한 다목적 댐의 건설은 경제 개발의 근간을 이루는 사업으로 중요시되었다. 1965년과 1970년에 섬진강댐과 남강댐을 완공하고, 1973년에 저수량 29억 세제곱미터에 이르는 동양 최대의 다목적 댐인 소양강댐을 우리의 기술로 건설했다. 이어서 안동, 대청, 충주, 합천, 팔당 등 셀 수 없이 많은 다목적 댐들이 건설되었다. 그러나 2004년 기준 수력에 의한, 즉 댐에 의한 발전은 전체 발전량의 0.5퍼센트 밖에 되지 않는다. 이제 댐의 시대가 지나가고 있음을 보여주는 증거라고 할 수 있다.

1984년에는 전례 없는 집중호우로 북한강 수계 댐들의 홍수 조절 능력이 한계에 달해 수문을 동시에 열어 한강 하류의 홍수 피해를 가중시켜 문제가 되기도 했다. 그러나 무엇보다도 댐 건설에 의한 지형 파괴 및 산림 훼손, 짙은 안개가 빈번하게 발생하는 등의 기상 변화와 이에 따른 생태계의 파괴, 부영양화(富營養化)와 같은 현상들에 의한 수질 오염 등 자연환경 파괴라는 문제가 크게 대두되었다. 댐은 수력이라는 자연에너지, 즉 재생에너지를 창출했지만, 사실 그것을 통해 더 많은 자연을 파괴했다. 얻는 것보다 잃는 것이 더 많았다는 평가가 나오기 시작한 것이다. 우리나라에서도 1988년 평화의댐 이후에는 대규모 댐 건설 자체가 중지되다시피 하고, 소수력 발전이라는 새로운 개념의 수력 발전이 대세를 이루고 있다. 한때 가장 빛났던 다목적 댐의 역사를 돌아보면서 재생에너지의 개발이 얼마나 신중해야 하는지 고민해볼 필요가 있다. 이런 관점에서 최근 개발이 활성화되고 있는 다양한 자연에너지, 재생에너지 기술을 살펴보는 것은 의미 있는 일이 될 것이다.

바람개비, 바람을 가두다

풍력 발전 시스템의 연구 개발 역사는 인류의 도구 개발 역사와 같이 한다고 볼 수 있다. 고대부터 인류는 이동이나 기구의 작동에 필요한 동력원으로서 자연에너지인 바람을 활용했고, 산업혁명 초기 증기기관의 발명 이전까지는 수차와 함께 풍차는 주요 동력 설비였다. 고대부터 산악 지역이 많은 우리나라의 경우에는 수차가, 평원 지역이 많은 유럽에서는 풍차가 널리 활용되어왔다. 인류가 곡식의 제분이나 급수를 위한 양수를 위해 바람을 활용하기 시작한 것은 기원 후 500~900년경 페르시아 만에서다. 초기의 풍차는 수직축 파네몬형(Panemone) 항력식 풍차로서 아래에서 보여주는 바와 같은 구조다.

서기 600년경 페르시아 수직축 항력식 풍차(좌)와 1390년경 네덜란드식 풍차(우)

1390년대 초에 전형적인 네덜란드식 풍차가 정립되어 유럽 전역에서 널리 사용되었다. 1270년 경 크레타식 돛 날개 풍차가 진보된 형태의 네덜란드식 풍차는 여러 층으로 된 탑을 축조하여 그 위에 회전자 날개를 설치하는 구조(Tower Mill)이고, 나무로 틀을 만들고 천을 씌워서 만들었으며, 대부분 네 개의 날개로 구성된다. 네덜란드에서는 이와 같은 풍차를 이용하여 1850년대 말 증기기관의 발명으로 도래된 산업혁명 이전까지 산업 동력의 80퍼센트를 바람으로부터 얻었다. 이 풍차는 전통적인 양수 및 제분뿐만 아니라 목재 제재, 향신료, 염료, 담배 등 다양한 소비재의 제조 공정에서 요구되는 동력원으로도 활용되었다.

현대식 풍력 발전 시스템은 항공공학과 전기공학의 발달로 양력식 날개

덴마크식 초기(1942년) 및 게세르(Gedser) 풍차(1957년)

의 도입과 함께 기술적으로 전력 생산이 가능하게 되면서 출현했다. 오늘날 상업용 풍력 발전 시스템의 전형적 모델이 되는 덴마크식 풍차는 세 개의 프로펠러식 날개, 원통형 지주대, 유도형 발전기 등의 특징을 갖는다.

제2차 세계 대전 중 F. L. 스미스(F. L. Smith, 현재 시멘트 설비제조업) 사가 회전자 날개 수가 2~3개인 근대식 풍력 발전 시스템을 개발하여 다수를 건설했다. 초기에는 여전히 직류 발전기를 장착하고, 콘크리트로 지주대를 만들었지만, 지금의 덴마크식 풍력 발전 시스템의 초기 모델 역할을 한 것으로 보인다. 1957년 덴마크의 요하네스 쥴(Johannes Juul)은 현대의 풍력 발전 시스템의 원형인 전기·기계적 풍향 추적(Electromechanical Yawing)에 의한 역풍향식(Upwind)과 유도형 교류 발전기(Asynchronous Generator)를 채택했다. 회전자는 실속제어(Stall Control) 방식으로 운전되고, 과다하게 회전되는 비상 운전 조건에서 날개의 원심력 작용으로 공기역학적 날개 끝 제동(Emergency Aerodynamic Tip Brakes) 구조가 작동되도록 했다.

1975년 100kW급 MOD-0을 시작으로 1987년에 3.2MW급 MOD-5B까지 미국 NASA의 주도로 MOD 계열의 풍력 발전 시스템을 개발한 바 있다. 이 가운데 보잉(Boeing) 사가 제작한 MOD-5B는 회전자 지름이 약 98미터(320 피트)인 대형 풍력 발전기이며, 유럽에서도 1980년대에 들어 독일, 스웨덴 등에서 정부의 지원 아래 초대형 풍력 발전 시스템에 대한 연구개발이 수행된 바 있다. 선진국에서는 이와 같이, 1970년대 말부터 1980년대 중반까지 정부 지원과 함께 당대 첨단 항공 산업을 주축으로 대형 풍력 발전 시스템의 연구 개발에 도전했지만 상업화에 실패했고, 결국 덴마크의 중소기업이 풍력 시장의 수요를 주도적으로 충족하면서 오늘에 이르게 되었다.

우리나라도 최근 풍력 발전 붐이라 부를 수 있을 만큼 다양한 사업들이 추진되고 있다. 그러나 국가기술지도에 따르면 현재는 풍력 발전 시스템 개발의 기술 자립 및 산업화 구축의 단계로서, 풍력 발전기를 구성하는 주요 설계 및 해석 기술을 확보하여 기반 기술의 경쟁력을 높이기 위한 단계로 보는 것이 타당하다. 국내 풍력 산업계가 기술력이나 인력, 경험과 축적된 자료 등에서 유럽의 선진업체에 비해 뒤진 것은 사실이나, 정부의 보급 정책 및 기술 개발 지원 정책과 더불어 최근 대기업을 중심으로 풍력 설비에 대한 국산화 연구 사업(750kW~3MW급)이 활발히 진행되고 있다.

2007년 이전까지의 국내 풍력 발전 관련 기술 개발은 1996년까지를 1단계, 1997~2001년을 2단계, 2002~2007년을 3단계로 나누어 설명할 수 있다. 1단계에 해당하는 기술 개발 기간에서는 주로 풍력 발전의 국내 도입 가능성을 확인한 단계로 이 기간인 1970~1980년대에는 주로 2~5kW급 소형 풍력 발전기를 도입 또는 국산화하여 시스템 개발을 위한 기초 기술 축적 및 국내 풍황 조건에서의 적용 가능성을 검토하는 시기였다.

풍력 발전 분야의 본격적인 기술 개발 투자는 1987년 12월에 제정된 '대체에너지기술개발촉진법'을 근거로 1988년에 대체에너지 기술 개발 기본 계획이 수립되면서 시작되었다. '대체에너지기술개발촉진법'에 근거한 정부의 지원으로 1990년도에 KIST에 의한 계통연계형 20kW 소형 풍력 발전기 국산화 시험 운전이 있었으며, 1994년에 제주 월령에

180kW 규모의 신재생에너지 시범 단지를 조성하여 풍력 발전 시스템의 운영 기술 축적, 성능 측정 및 신뢰성 분석에 대한 기초 기술을 향상시키는 계기로 활용했다.

2002년 이후에는 중대형 풍력 발전기의 국산화 개발 및 실용화 보급을 전제로 한 풍력 발전기 기술 개발이 본격적으로 시작되었다. 2002년부터 효성은 750kW급 기어형 풍력 발전 시스템을, 유니슨은 750kW급 직접 구동형 풍력 발전 시스템의 개발을 시작했다. 현재 유니슨은 750kW급 풍력 발전기의 국제 인증 이후 상용화를 완료했으며, 효성의 750kW 발전기는 개발 완료 후 실증의 마무리 단계에 있다. 한진산업의 1.5MW 기어형 풍력 발전기는 2006년도에 개발 및 실증을 완료하고 국제 인증을 취득하여 상용화 단계에 있으며, 효성 및 유니슨에서 2004년부터 추진한 2MW급 풍력 발전 시스템은 2007년 개발을 완료하고 성능 평가 및 실증을 진행 중에 있다. 2006년 이후에는 풍력 발전 시스템의 대용량화, 해상 풍력화 기술 개발 추이에 따라 해상 풍력 실증 연구 단지 조성 국책과제가 한국에너지기술연구원을 중심으로 착수되었으며, 3MW급 해상 풍력 발전 시스템 개발을 위한 정부 지원 과제가 두산중공업을 중심으로 진행 중에 있다.

정부는 2002년 12월에 확정된 '제2차 국가 에너지 기본 계획'에 의거하여 2006년 3퍼센트, 2011년 6퍼센트의 대체에너지 공급 목표를 설정하고, 이 중에서 풍력 발전은 2012년까지 2,237MW를 보급하여 총 발전량 36만 9,973GWh의 1.8퍼센트에 해당하는 6,639.1GWh를 보급하는 것을 목표로 하고 있다. 국내 풍력에너지 잠재량은 1,069TWh/year이며 이 가운데

년도	2001년 이전	2002	2003	2004	2005	2006	2007	합계
설치 용량(MW)	7.9	4.7	5.4	50	30	78	22.5	198.5
전력 생산량(GWh)	25	15	23	38	125	247	225.2	698.2

• 출처 : 「IEA Wind Energy Annual Report 2006」(2007, IEA)

가용 풍력 자원은 93TWh/year이다. 2007년 말 국내에 보급된 풍력 발전 시스템은 총 130여 기, 약 198.5MW 용량이다.

국내에서 최초로 건설된 상업용 풍력 발전 단지는 2003년 제주 행원리에 설치되어 운영되고 있는 10MW급의 풍력 발전 단지가 처음이다. 이후 개발된 영덕 풍력 발전 단지(39.6MW)와 대관령 풍력 발전 단지(98MW)는 국내에서 가장 큰 규모에 해당하는 풍력 단지이며 현재 국내 풍력에너지 보급량의 70퍼센트 이상을 차지하고 있다. 하지만 국내 풍력 발전 단지 사업은 아직 초기 시장 진입 단계이며, 주요 풍력 발전 단지는 2002년 이후 개발된 단지가 대부분으로 향후 예정된 개발 계획까지 포함한다면 약 1,400MW에 이르는 풍력 발전 단지가 건립될 예정이다. 풍력 발전 보급과 관련하여 국내 도입 기종의 발전 용량의 경우 1990년대 말~2002년까지는 600kW, 660kW, 750kW, 850kW 등 1MW 이하의 중소형급 풍력 터빈 위주로 보급이 되었으나, 2003년 이후부터는 1,500kW 이상으로 급격히 용량 증가가 이루어지고 있다. 또한 코에지가 발주한 국내 최초의 민자 발전 사업이 2MW급 풍력 발전기를 대상으로 한 바 있고, 현재 남부 발전의 제주 풍력 발전의 증설분에 대하여 2MW급 이상의 중대형기를 중심으로 단지 설계를 진행 중에 있다. 이는 국내의 경우에도 새롭게

우리나라에서는
바람이 많은
강원도와 제주도에
풍력 발전기가
많이 건립되어 있다고해!

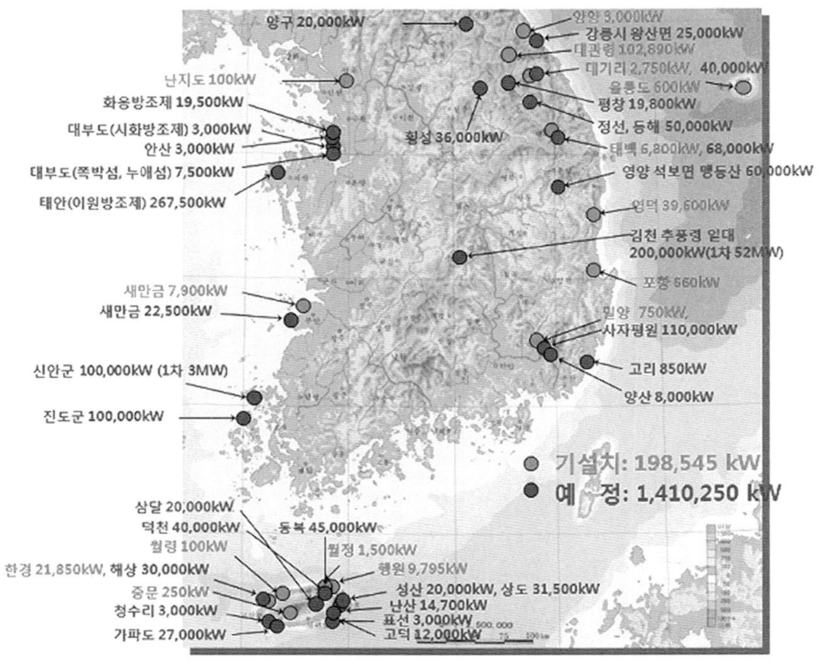

풍력 발전 보급 현황 및 전망(2008년 1월)

보급되는 풍력 발전기는 육상용은 2~2.5MW, 해상용은 3~5MW로 주력 기종이 바뀌고 있는 선진국의 용량 변화의 추이와 흐름을 같이하고 있다는 것을 의미한다.

해외 풍력 시장은 독일, 스페인, 인도, 미국, 일본, 이탈리아, 덴마크 등 유럽을 중심으로 소수 국가에 집중되어 있는데, 이들 국가가 풍력 발전 산업과 시장을 주도하고 있다. 유럽의 경우 1991년 덴마크 빈데뷔 (Vindeby)의 세계 최초 해상 풍력 단지 건설을 시작으로 2010년까지 7,588MW 규모의 해상 풍력을 포함하여 육·해상 총 8만 7,694MW의 풍

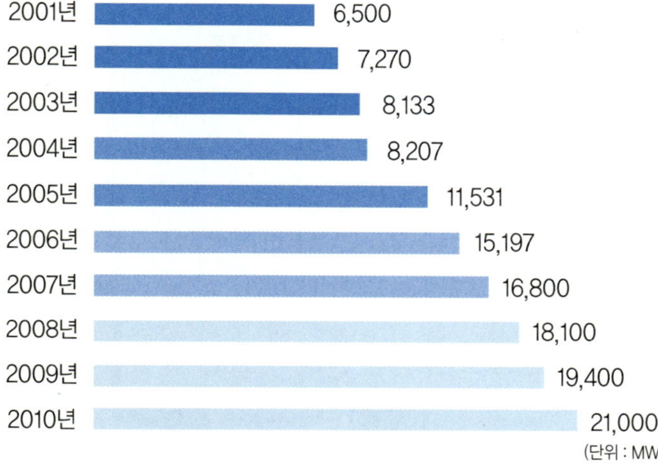

력 설비 용량을 확보할 계획을 가지고 있다.

전 세계 풍력 발전 누적 보급량은 2006년 말 7만 5,000MW에 근접하고 있으며 그 증가폭은 지속적으로 급격히 증가하는 추세에 있다. 대륙별 풍력 발전 설비 보급량은 유럽이 4만 8,627MW로 가장 많고 미주 대륙 및 아시아 순으로 보급량이 많다. 주요 풍력 발전 보급 국가로는 독일, 스페인, 미국, 인도, 덴마크, 중국 등이 있으며 독일의 경우 누적 보급량이 2만 652MW로 전 세계 국가 중 가장 높은 풍력 발전 보급률을 보이고 있다. 대륙별 풍력 발전 용량을 비교해보면 현재 51퍼센트가 유럽에 편중되어 있으며, 아메리카 대륙이 23.4퍼센트, 아시아가 21.4퍼센트를 차지하고 있다. 하지만 최근에는 중국 및 인도를 중심으로 아시아 시장에서의

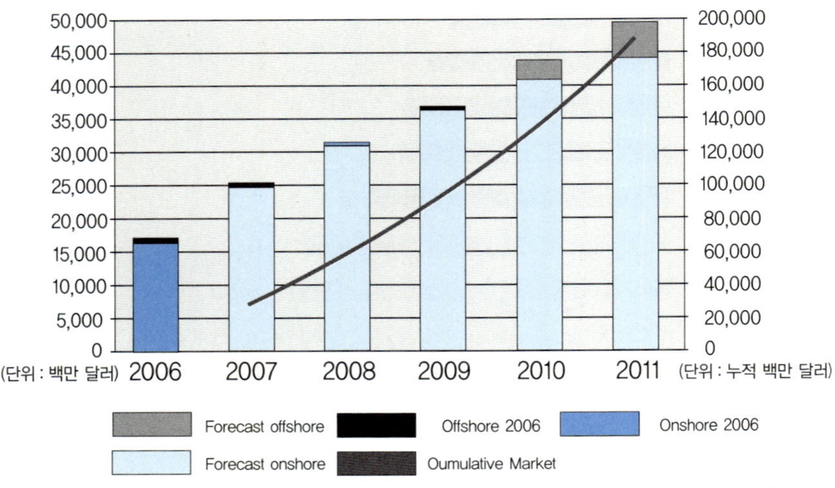

• 출처 : BTM Consult APS (2007)

풍력 발전 보급이 급증하고 있으며, 미국을 중심으로 한 북미 지역의 풍력 발전 보급도 점차 확대될 것으로 예상하고 있다. 2006년까지 세계적으로 설치된 총 풍력 발전 설비 용량은 60여 개국 9만 3,743유니트(unit)로 약 7만 4,306MW이며, 한 해 시장 규모는 2006년도 기준 미화 170억 달러를 상회하고 있다. 이는 풍력 발전 설비에 의해 생산된 총 발전량이 전 세계 발전량의 0.82퍼센트를 차지한다는 것을 의미한다.

전 세계 보급 기준으로 볼 때, 1999년 말의 풍력 발전 설비의 경우 약 7,900unit, 총 발전 용량이 440만kW였던 것을 생각하면 그동안 설비에서 약 열두 배, 발전 용량에서 약 150배 이상 급격한 보급의 확대가 있었다. 이러한 수치를 감안하여 세계 풍력 발전 시장 전망을 보면 2007년까지는 육상 풍력 발전을 중심으로 시장이 확대되어 오다가 2008년 이후부터는 해상 풍력을 중심으로 그 수요가 급격히 증가할 것으로 예상되며, 2010년에는 육·해상 도합 풍력 발전 시장 규모가 미화 440억 달러를 상회할 것으로 예측하고 있다.

바다에서 전기를 낚아 올리다

재생 가능한 청정에너지를 이용한 발전 기술은 화석 연료 사용에 따르는 환경 오염과 자원 고갈 문제를 극복할 수 있고, 세계적으로 대규모 활용이 가능한 대체에너지 기술이다. 3면이 바다로 둘러싸인 우리나라 연안 해역은 다양한 가용 에너지 자원이 풍부하게 분포하며, 설치 가능한 해역 또한 대규모로 활용이 가능한 구조를 갖추고 있다. 해양에너지 자원의 개발은 국가적 성장 동력인 신재생에너지 자원의 확보뿐 아니라 기후변화협약에 의한 환경 보호 노력에 따른 국제적인 규제에 대응하는 청정 기술의 확보라는 측면에서 중요한 에너지원으로서 그동안 부분적으로 관심과 연구가 진행되었다. 이러한 해양에너지 이용 기술은 유럽 등 선진국에서는 1970년대부터 시작되었으나, 우리나라는 1980년대가 되어서야 시작되었다.

파력 발전은 1990년대 들어 본격적인 기술 개발이 시작되어, 2000년대 중반까지 핵심 설계 기술의 고도화가 진행되었으며, 2000년대 중반 이후 현재까지 개발 기술의 실해역 실증을 위한 실증 플랜트 설계가 진행되고 있다. 조력 발전은 1980년대에 가로림만을 중심으로 서해안의 조력 발전에 대한 타당성 조사를 시작으로 1993년 가로림만 조력발전 타당성 조사, 1997년 시화호 수질 개선 대책의 일환으로 시화호에 대한 조력 발전 타당성 검토 등이 시행되었으나, 미흡 판정을 받았으며, 2004년에 와서야 시화호 수질 개선 대책의 일환으로 254MW급 시화 조력 발전소 건설이 착수되었다. 또한 조류 발전의 경우 2003년에 국토해양부 지원으로 수직축 수차인 헬리칼 방식 프로토 타입이 설치되었고, 수평축 프로펠러 형식의 수차가 개발 중에 있으며, 부유식 고정 방식으로 100kW급 시험 조류 발전 시설이 2009년까지 남해안에 건립될 예정이다. 마지막으로 1970년대 유럽을 중심으로 연구가 시작된 해수 온도 차 발전은 1990년대 들어 본격적인 기술 개발이 시작되었고, 2000년대 중반까지 핵심 설계 기술의 고도화가 진행되었다. 그러나 국내의 경우 해수 온도 차 발전에 관한 연구는 아직 없는 실정이다.

해양에너지 이용 기술은 해양에 광범위하게 분포하는 청정 재생에너지 자원인 파랑, 조류, 조석, 수온 등의 물리적 에너지를 전기에너지로 변환하는 장치와 관련 해양 구조물의 설계 및 성능 평가, 엔지니어링 기술과 실해역 설치, 유지·보수 및 운용의 실용화 기술로 정의되며, 해양에너지 자원의 조사 및 이용 적지 평가, 이용에 따른 해양 환경 영향 평가, 복합 이용 및 대규모 단지화에 의한 경제성 제고 기술을 포함한다. 해양에너지 기술은 파력 발전 기술, 조류 발전 기술, 조력 발전 기술 및 해수 온도 차 이용 기술로 구분된다.

파력 발전

파력 발전은 파랑의 운동 및 위치에너지를 이용하여 터빈을 구동하거나 기계장치의 운동으로 변환하여 전기를 생산하는 기술로써 파고가 높고 파주기가 긴 해역이 적합하다. 파력 발전의 경우 에너지 변환 원리에 따라 가동물체형, 진동수주형, 월파형 방식이 적용되고 있으며, 조력 발전의 경우 조지(潮池 : 방조제로 만들어지는 땅)의 수에 따라 단조지식과 복조지식, 조석의 이용 횟수에 따라 단류식과 복류식으로 구분된다.

조류 발전

조류 발전은 해수의 유동에 의한 운동에너지를 이용하여 수차를 구동하거나 기계장치의 운동으로 변환하여 전기를 생산하는 기술로써 해수의 유속이 빠른 지역에서 적용이 가능하며, 조류를 이용할 경우 계절에 관계없이 발전이 가능하고 예측이 가능하므로 조수간만의 차이가 큰 해역이 적합하다. 조류 발전의 경우 터빈의 종류에 따라 수평축 터빈, 수직축 터빈 및 기타 방식이 이용된다.

조력 발전

조력 발전은 해면의 상하운동에 따른 위치에너지를 이용하여 수차를 돌려 전기를 생산하는 기술로써 조석(간만)의 차이가 큰 해역이 적합하다. 발전 방식으로는 일정 중량의 부체가 받는 부력을 이용하는 부체식, 조위의 상승, 하강에 따라 밀실에 공기를 압축시키는 압축공기식, 그리고 방조제를 축조해 해수저수지 즉, 조지를 조성하여 발전하는 조지식으로 나눌 수 있다.

해수 온도 차 이용

해양 표면층의 온수(예 : 25~30도)와 심해 500~1,000미터 정도의 냉수(예 : 5~7도)와의 온도 차를 이용해 열에너지를 기계적 에너지로 변환시켜 발전하는 기술이다. 해수 온도의 연직 방향의 온도 차를 이용해 작동유체를 증발시켜 터빈을 구동함으로써 전기를 생산하는 해수 온도 차 발전과, 해수 온도와 대기 온도의 차를 활용하여 열교환기(히트펌프)를 통해 냉난방에 이용하는 해수 온도 차 냉난방 이용 기술을 포함한다.

이러한 해양에너지 중에서 파력 발전과 조류 발전은 기술적으로 다양한 방식들이 제안되고 있으며, 다수의 국가에서 많은 업체들이 기술 개발에 참여하고 있어 상대적으로 장기적인 시장 전망이 가능한 편이다. 웨스트우드(Westwood, 2005)는 기술 개발자들의 발표 내용을 근거로, 세계적으로 2005~2009년 동안 총 47MW 용량의 파력 및 조류 발전 장치의 설치가 전망되고 있다고 발표했다. 주요 해양에너지를 종류별로 나누어 주요 국가의 시장 전망을 살펴보자.

파력 발전

웨스트우드의 보고서에 의하면 파랑에너지는 세계적으로 2009년까지 총 22.7MW 용량의 설치를 전망하고 있으며, 파력 발전 장치별 시장 점유율은 해안형이 24퍼센트, 외해형이 76퍼센트를 차지할 것이라 보고 있다. 파력에너지 개발자들이 2005년까지 발표한 사업 내용에 따르면 2007년에 9.4MW가 운용되어 최고조에 달할 것으로 전망되고 있으며, 2007

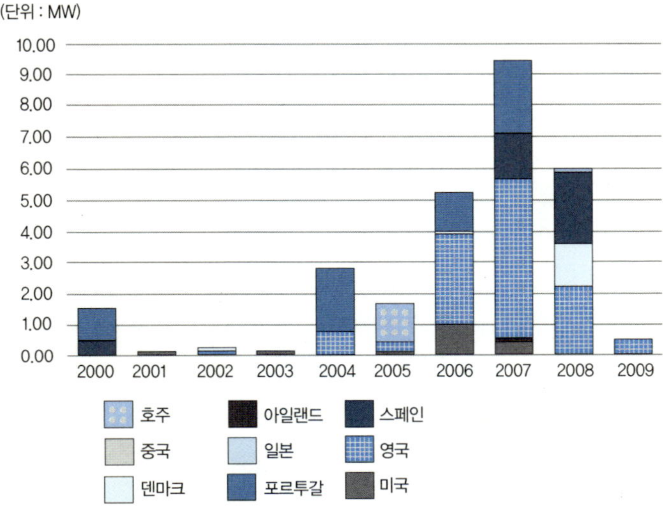

년 이후의 설치율 하강은 2005년 시점에서 계획이 확인되지 못함에 기인한다. 영국은 2005~2009년의 전망에서 파력에너지 용량에 있어서 거의 절반인 11MW 이상을 차지하는 주도적인 역할이 예측되고 있으며, 다음으로 포르투갈과 스페인이 16퍼센트로서 그 뒤를 잇는 점유율을 보일 것으로 예견되고 있다.

조류 발전

주요 국가의 조류에너지 개발 용량을 살펴보면 2005년부터 2009년까지 전체 24MW가 예측되며 2009년 한 해에만 약 10MW 정도의 조류 발전이 가능할 것으로 전망된다. 위의 도표는 주요 국가별 조류에너지 개발

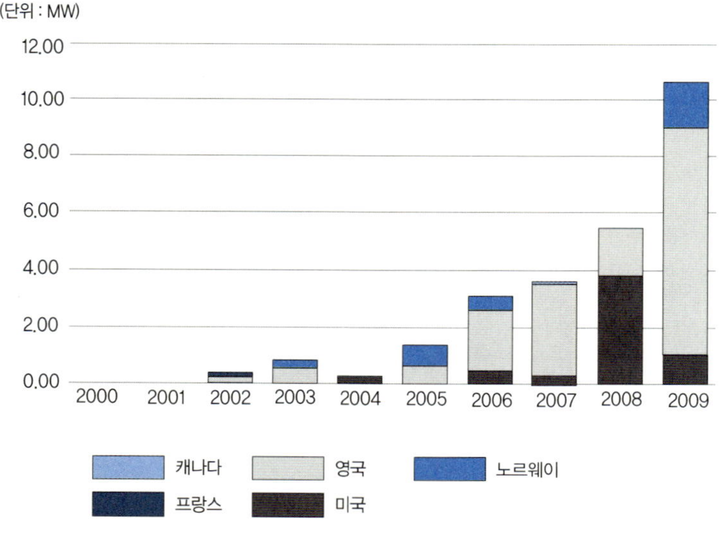

용량을 보여준다. 조류 발전의 약 65퍼센트가 영국(UK)에 설치될 것으로 예상되며, 그 다음으로 미국, 그리고 노르웨이가 2009년까지 약 2.5MW 용량의 조류 발전을 계획하고 있다.

조력 발전

현재 가동 중인 조력 발전소 중 대표적인 것으로는 1967년 준공된 프랑스의 랑스 발전소(시설 용량 240MW), 1968년 준공된 러시아의 키슬라야 구바 발전소(시설 용량 400kW), 1984년 준공된 캐나다의 아나폴리스 발전소(시설 용량 20MW), 그리고 중국의 쟝시아 발전소(시설 용량 3,200kW)를 들 수 있다. 이들의 공통적 특징은 모두 대규모 조력 개발을 위한 시험발전소로 건설되었다는 점이다. 유럽을 중심으로 20세기 초 근대적 의미의 조력 개발이 시도된 이래 조력 발전에 관한 기술은 발전 방식, 수차 발전기 개발, 시공법 개발 등의 분야에 상당한 발전이 있었다. 발전 방식의 경우 프랑스의 지브라(Gibrat)가 제안한 6사이클모드(6-cycle mode) 운전은 당시로서는 획기적이었으며 조력 발전 방식에 융통성을 주었다. 현재 조력 발전에 대한 기술적인 문제는 대부분 해결되었으나, 경제성을 뒷받침할 수 있는 새로운 기술 개발이 요구되고 있다.

해수 온도 차 이용 기술

스웨덴을 포함한 유럽에서는 해수 온도 차 냉난방 설비 사업이 1982년부터 시작되었으며, 일본의 경우에는 1993년 후쿠오카를 중심으로 시작되었다. 해수 온도 차 발전으로 인한 연간 에너지의 절감률은 약 40퍼센트에 달하는 것으로 보고되고 있다. 해수 온도 차 발전 설비는 미국을 중심으로 시작되었으나, 사업화는 일본이 먼저 시작했으며, 현재 인도가 소용량 설비(1MW급)의 상업화에 성공했다. 그러나 아직 온도 차 발전 설비는 시작 단계이기 때문에 전 세계를 대상으로 하는 사업화의 가능성은 매우 크다고 볼 수 있다. 경제적인 효과를 국내에 한정시키지 않고 일본의 경우와 같이 해외의 수출을 대상으로 하면 경제적인 효과는 매우 클 것으로 생각된다.

이러한 해외의 개발 사례들에 힘입어 국내에서도 해양에너지에 대해 새로운 관심을 보이고 있다. 국내의 해양에너지 이용 기술 개발은 지식경제부의 신재생에너지기술 개발 사업과 국토해양부의 해양수산연구개

국명	가동 시기	열 공급 규모	온수온도(℃)	이용 대상	열펌프 용량
스웨덴 린딘고	1982.12	1211MW+3MW	55~80	지역 난방	3,800kW+ 670kW
스웨덴 로프스탄		344,000 Gcal/yr	85	지역 난방	100MW
스웨덴 스톡홀름, 비스뷔	1983.02		80	지역 난방	11MW
스웨덴 님로드	1990.02	냉수 : 40Gcal/h 온수 : 55Gcal/h	80	지역 난방	60MW
노르웨이 하르스타드	1982.11	200kW	45	오피스 빌딩 난방	120kW
노르웨이 포르네부	2002.02	냉수 : 20Gcal/h 온수 : 49Gcal/h	75	지역 난방	26MW
프랑스 아브르		969kW		회의실 난방	120HP×2
일본 후쿠오카	1993.04	냉수 : 76Gcal/h 온수 : 58Gcal/h	47	오피스 빌딩, 호텔 등	9MW×3
일본 오사카	1994.04	냉수 : 71Gcal/h 온수 : 49Gcal/h	47	오피스 빌딩, 호텔, 상업지구 등	

발 사업에 의해 수행되고 있다. 산업자원부(현 지식경제부)의 신재생에너지 기술 개발 사업으로 2006년까지 해양 분야에 지원된 내역은 총 8개 과제에 44억 2,300만 원이며, 이 가운데 정부 예산으로 32억 2,800만 원(73퍼센트)이 지원되었다. 이는 2006년까지 투입된 신재생에너지 기술 개발 사업의 전체 예산(7,059억 원) 중에서 약 0.63퍼센트에 해당하는 것으로 매우 미흡한 수준이다. 하지만 최근 해양 분야의 지원 예산이 크게

증대되고 있고, 국토해양부의 해양에너지 장기 개발 목표를 감안하면, 향후 해양 분야의 활발한 기술 개발이 전망된다.

에너지 다원화에 기여하는 재생에너지

앞서 살펴보았듯이 수력 발전이 거대한 댐 중심으로 이루어졌던 과거의 관점은 이제 유효하지 않다. 그러나 다목적 댐의 유효성이 파산되었다고 수력 발전의 의미가 완전히 사라지는 것은 아니다. 수력은 지형적 조건이나 환경만 맞는다면 거의 무제한으로 우리에게 주어지는 무공해 에너지가 될 수 있기 때문이다. 다목적 댐에서 소수력 발전으로 전환된 우리의 역사를 살펴보면서 이러한 지구가 준 선물들을 어떻게 활용해야 하는가 생각해보자.

국내에서 소수력 자원을 활용코자 한 것은 1차 석유파동 이후였다. 소수력(Small hydropower)은 엄밀하게 정의를 내리기는 어려우나, 우리나라의 경우 설비 용량이 10,000kW 이하인 수력 발전을 말한다. 1978년 강원도 안홍에 설비 용량 450kW의 시범 소수력 발전소를 건설하여 현재도 가동 중에 있다.

그러나 소수력 발전에 대한 관심 결여와 지원 부족 등으로 거의 개발되지 않고 있다가, 2차 석유파동 이후 동력자원부(현 지식경제부)에서는 '소수력 개발 방안(1982. 3)'을 마련하여 민간인에 의한 소수력 개발 참여를 유도하게 되었다. 또한 에너지 자립도 향상 및 대체에너지 개발을 위해 정부에서는 '대체에너지개발촉진법(1987. 12)' 및 '동법시행령(1988. 5)'을 제정 공포하고 정부 주도로 대체에너지로서의 소수력 개발에 관한 연구를 적극 지원하게 되었다. 소수력 발전소는 현재까지 61개소가 가동 중이며 설비 용량은 76MW로써 2007년도의 연간 발전량은 22만 69MWh에 달하고 있다. 그간 소수력 개발이 활발하지 못했던 이유로는 소수력 발전소의 경제성이 취약했기 때문이었다.

소수력 발전은 순수한 자연에너지이고 환경 공해 발생 문제가 없는 청정한 에너지로서 국내 기술에 의해 개발을 유도할 수 있는 최선의 자원이기 때문에 현시점에서부터 적극적인 개발이 요구되고 있다. 소수력 발전은 다양한 지점에 적절히 설치되어 효과를 발휘하고 있다. 하수처리장에서 처리된 방류수를 이용한 소수력 발전은 일반 하천의 댐 건설 등에 소요되는 토목공사비가 거의 없어 초기 투자비를 절약할 수 있어서 하천을 이용해 발전하는 것에 비해 경제성이 있고, 안정적인 유량 확보로 시스템의 고효율 발전이 가능하며, 하천의 두 배 가까이 발전량이 증대되는 등의 장점을 지니고 있다. 취수댐으로부터 착수정까지 자연 유하시키는 정수장의 경우도 취수댐과 착수정 사이의 낙차를 이용해 수력 발전이 가능하다. 정수장의 경우도 하수처리장과 마찬가지로 유량이 일정하여 연간 가동율이 90퍼센트 이상이 되므로 일반 소수력 발전에 비해 경제성이 우수하고 투자비 회수 기간을 크게 단축시킬 수 있는 장점이 있다. 이외에도 농업용 저수지와 보에 관개용수의 흐름과 낙차를 이용한 소수력 발전도 가능하다.

이러한 거대 수력 발전의 소수력 전환은 우리에게 시사하는 바가 크다. 미래의 주된 에너지원을 둘러싸고 벌어지는 다양한 논쟁이 있음에도 불구하고, 이미 개발되고 이미 성공과 실패를 경험했던 오랜 자연에너지원에 대한 관심을 버려서는 안 된다는 것이다. 우리가 실패했거나 효과를 잃은 것은 지나친 욕심과 기술적 오만에서 시작되었을지도 모르기 때문이다. 바람은 항상 우리 곁에 있었고, 파도는 항상 그 자리에서 우리를 기다려왔다. 물길을 막고 바람 막는 것이 아니라, 물길을 따라 흐르는 작은 배처럼 바람을 타고 도는 바람개비처럼 자연스럽게 접근하는 방법론이 필요했던 것인지도 모른다. 미래의 에너지는 어쩌면 석유처럼 지배적인 단일 자원이 아닐지도 모른다. 그래서 적재적소에서 엄청난 효과를 발휘할 수 있는 재생에너지들에 대한 관심을 멈추지 말아야 한다. 자연은 언제나 그곳에서 우리를 기다렸으나, 우리는 제대로 활용하는 방법을 몰랐던 것뿐이다.

4
신에너지의
종류와 전망

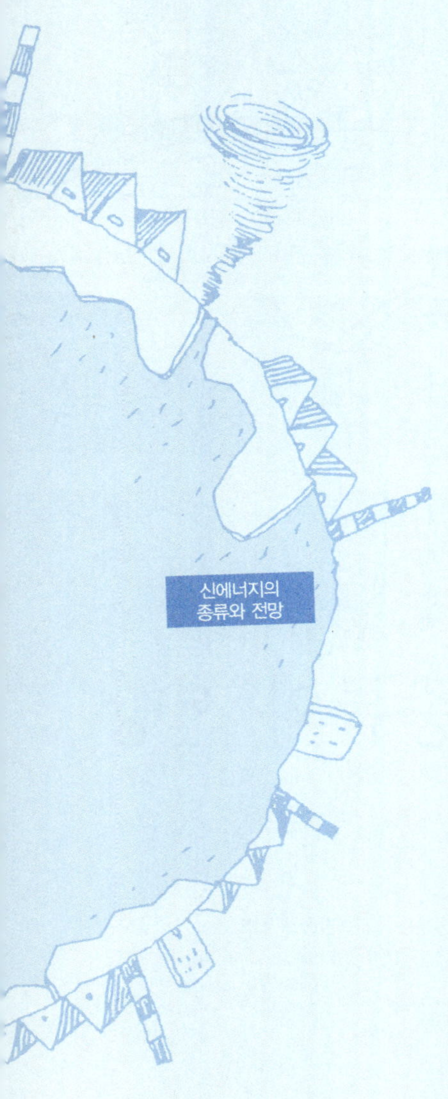
신에너지의
종류와 전망

핵융합 발전은 원자력 발전을
뛰어넘을 수 있을까?

이제 신재생에너지의 다른 한축인 신에너지에서의 이슈를 살펴보자. '신에너지 및 재생에너지 개발·이용 보급촉진법' 및 동법 시행 규칙에서 규정한 바에 따르면 신에너지 기술은 연료전지, 석탄 액화·가스화, 수소 에너지 등 세 개의 분야로 나뉜다. 이것은 재생에너지와 개념적으로 큰 차이는 없지만, 석유를 대체할 만한 가능성을 가지고 현재 개발 중인 새로운 형태의 에너지를 통칭한다. 단순히 보자면 재생에너지가 자연의 것을 있는 그대로 활용하는 편이라면, 신에너지는 좀 더 복잡한 기술적 변용이 필요한 것이라 할 수 있다. 보다 복잡한 세부 구분도 가능할 수 있으나 통상적으로 기존의 에너지 패러다임을 완전히 뒤집는 것들이라고 보면 될 것이다. 이제 이 영역에서의 새로운 쟁점들을 살펴보고자 한다. 신에너지 분야는 앞으로도 새롭고 충격적인 발견과 기술이 제출될 가능성이 큰 분야이며 필연적인 발전이 예상되는 분야이므로 집중적인 관심이 필요하다.

원자력에너지는 어떻게 시작되었나?

19세기에 들어와서 물질의 구조에 대한 과학적인 지식이 축적되고, 아인슈타인(Albert Einstein, 1879~1955)의 '질량 에너지 등가 원리($E=mc^2$)'라는 유명한 등식이 등장하면서, 에너지와 관련된 미시적 세계에 대한 해석이 가능해졌다고 보는 것이 일반적이다. 방사선과 핵분열에 관한 연구는 독일의 물리학자인 뢴트겐(Wilhelm Roentgen, 1845~1923)이 1895년 X선을 발견함으로써 시작된다. 이듬해인 1896년 프랑스의 물리학자인 베크렐이 우라늄염에서 X선과 유사한 광선이 방출되고 있음을 발견했고, 1898년에 마리 퀴리(Marie Curie, 1867~1934)가 이 광선의 방출을 방사능이라고 부르기 시작했다. 마리 퀴리와 그의 남편 피에르 퀴리(Pierre Curie, 1959~1906)가 방사성 원소의 성질을 규명하면서 방사능은 불안정한 원자가 알파선, 베타선, 감마선 등 세 종류의 방사선을 방출하는 한 가지 방사 붕괴 과정의 결과라는 것을 발견했다. 1930년대에 이르러 독일 물리학자 보테(W. Bethe)와 베커(H. Becker)는 베릴리움 혹은 보론이 선과 충돌할 때 투과력이 매우 강한 방사선이 나오는 사실을 발견했는데 이후에 이 방사선이 감마선이 아니고 양자와 질량이 유사한 중성입자라는

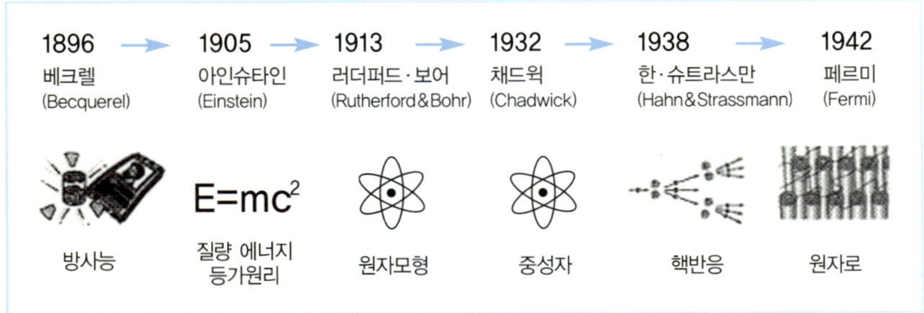

것을 증명했고 이를 중성자라 명명했다. 1938년 독일의 과학자인 오토 한(Otto Hahn, 1879~1968)과 슈트라스만(Fritz Strassmann, 1902~1980)은 중성자로 우라늄 표적을 충돌시킴으로써 가벼운 원소들이 생성되고 이 과정에서 막대한 양의 에너지가 방출됨을 주목한다. 이러한 중성자 충돌 실험을 반복한 결과 1942년 처음으로 원자핵 분열 연쇄 반응이 엔리코 페르미(Enrico Fermi, 1901~1954)에 의해 실현되었다.

인류 역사에서 원자력은 1945년 일본 히로시마와 나가사키에 군사적 무기로 사용되면서 첫선을 보였다. 하지만 원자력이 원자폭탄이라는 전 지구적 공포의 대상에서 벗어나 새로운 가능성을 선보이기 시작한 것은 8년 후인 1953년이다. 1953년 12월 8일, 유엔 총회 연설에서 미국 아이젠하워(David Eisenhower, 1890~1969) 대통령은 '원자력의 평화적 이용'을 선언하고 국제원자력기구(IAEA, International Atomic Energy Agency)의 창설을 제창했다. 이는 군사 목적으로 개발된 원자력을 인류가 평화적으로 사용하기 위한 첫걸음이었다. 이후에 결의안 채택, 헌장 초안 마련, 조인 등의 과정을 거쳐 1957년 7월 29일 국제원자력기구가 정식으로 출범했다. 원자력 발전은 '원자력의 평화적 이용'을 위한 국제 기구 창설 움직임과 더불어 미국, 영국, 구소련 등 기술 보유국을 중심으로 전개되기 시작했다. 우선 구소련이 발 빠른 움직임을 보여 1954년 6월 세계 최초의 원전인 5MW급 흑연감속형 원자로 '오브닌스크(Obninsk)'를 가동했다. 구소련의 이러한 움직임은 미국을 중심으로 한 서방 세계에 자극을 주었고, 원자력 발전의 세계화를 촉발하는 계기가 됐다. 영국은 1956년 10월에 60MW급 기체 냉각로인 콜더홀 1호기를 가동시켰고, 미국은 1957년 12월 100MW급 가압경수형 원자로인 시핑포트(Shipping Port) 원전을 가동해 본격적인 원자력 시대를 열었다.

농축 우라늄 공급 보증이라는 조건을 앞세운 미국의 제너럴일렉트릭(GE)과 웨스팅하우스(Westing House)는 낮은 발전 단가를 앞세워 세계 시장에 미국형 경수로를 판매하기 시작해 전 세계적으로 경수로 원전 건설 붐이 일었다. 그러나 1970년대에 들어 반원전 단체들이 등장하고 원전의 안전성 문제를 제기하면서 건설 붐이 시들해지기도 했다. 미국, 영국, 구소련이 주도해 개발되던 원자력 발전은 차츰 프랑스, 독일, 일본 등으로 무게 중심이 옮겨졌다. 한국은 1962년 3월 연구용 원자로(TRIGA MARK-2, 열출력 100kW)가 가동된 이후 1978년 4월 고리 1호기(가압경수형 원자로, 587MW)가 최초로 상업 운전을 개시하면서 본격적인 원자력 시대를 열었다.

이후 2000년대 들어 오늘날까지 원자력 발전은 전 세계 발전량의 약 16퍼센트를 차지하기에 이르렀다. 가동되고 있는 원전의 기수도 1971년 100기를 돌파한 이래, 1977년 201기, 1983년 302기, 1987년 400기 등 급격하게 늘어났고 1996년 434기를 정점으로 안정적 추세에 접어들었다.

세계 여러 나라에서는 미래 에너지 자원 문제와 에너지 안보 문제를 해결하기 위한 차세대 원자로 연구 개발에 박차를 가하고 있다. 특히, 한국을 포함해 미국, 일본, 프랑스 등 11개국이 참여하고 있는 제4세대 원자로(Gen-IV Nuclear Energy Systems) 국제 공동 연구가 대표적이다. 제4세대 원자로는 경제성, 안전성, 지속성, 핵확산 저항성이 우수한 원자로로 2030년 가동을 목표로 연구 개발이 진행 중에 있다.

핵분열과 핵융합, 이란성 쌍둥이 기술

원자력에너지는 고도의 과학 기술을 필요로 하는 에너지로 기술 자립을 이룩하게 되면 타 산업에 파급 효과가 매우 큰 에너지다. 원자력 분야는 핵분열 연구 및 안전성 평가를 위한 핵공학, 첨단기기 및 설비를 위한 기계공학, 화학공학, 재료공학 등의 폭넓은 첨단 기술이 요구된다.

원자력 발전의 기본 원리는 핵분열로 생성된 에너지를 이용해 물을 끓여서 증기를 만들고 이 증기로 터빈을 돌려 발전을 한다. 물을 끓이기 위한 에너지원 공급 방식을 화력 발전에서는 보일러 내에서의 연소 반응에 의존하지만 원자력 발전에서는 원자로 내에서의 핵분열 반응에 의존한다는 점에서 차이가 난다. 원자력 발전은 원자로의 특성에 따라 여러 가지 형태로 분류할 수 있다. 우선 핵분열 반응에 의한 핵분열로와 핵융합 반응에 의한 핵융합로로 구분할 수 있는데, 일반적으로 상용화된 원자력 발전 방식은 핵분열 방식을 뜻하며 원자로 역시 핵분열로를 사용한다. 반면 핵융합로는 꿈의 원자로라고 불릴 만큼 아직은 기초 연구 개발 단계 수준으로 봐야 한다. 핵분열로는 핵분열 반응에 사용되는 중성자의 에너지에 따라 고속 증식로와 열중성자로로 나눌 수 있다. 열중성자로 중에서 중성자의 에너지 감속을 위한 감속재 종류에 따라 경수로, 중수로, 흑연로로 나눌 수 있으며, 핵분열 반응 결과 방출되는 에너지를 냉각시키기 위한 냉각재의 비등 여부에 따라 가압형원자로, 비등형원자로 등으로 나눌 수 있다.

원자력 발전 방식은 다른 발전 방식에 비해 초기 건설 비용이 높은 편이나, 연료비가 월등히 싸기 때문에 발전소의 긴 수명 기간을 통해 볼 때 발전 비용이 가장 적게 든다고 할 수 있다. 특히 부존 에너지 자원이 부족한 우리나라와 같은 국가의 입장에서는 소량의 연료만으로도 장기간에 걸쳐 발전할 수 있고 수송 및 저장이 용이한 원자력 발전이 유리하다고 볼 수 있다. 게다가 에너지 비축 효과가 크기 때문에 에너지 안보 측면에서도 매우 유리하다. 원자력 발전은 화석 연료를 태울 때 나오는 이산화탄소, 아황산가스, 질소산화물 등 유해 물질이 방출되지 않기 때문에 온실효과나 산성비로 인한 생태계 위협 요인들을 제거할 수 있어서 지구 환경 보존 측면에서도 효과적이며, 기술의 특성상 최첨단 기술이 종합되어야 하는 기술집약형 발전 방식이므로 과학 및 관련 산업의 발달을 크게 촉진시킬 수 있는 장점이 있다.

원자력은 위에서 언급한 원자력 발전을 통한 전기 생산뿐만 아니라 방사선이나 방사성 동위원소를 이용한 여러 활용 분야가 있다. 방사선 및 방사성 동위원소 이용은 물질에 방사선을 투사해 물질 속의 원자를 이온화시키거나 원자핵과 충돌시킴으로써 에너지를 전달해 물질에 변화를 주는 방법이다. 응용 분야는 첨단 우주항공, 의학, 농업, 산업 등 매우 다양하다.

간단하게 그 기술의 원리에 대해 살펴보자.

모든 원자는 원자의 구성원인 양자, 전자, 중성자 등을 갖고 있는데 원자에 큰 충격을 가하게 되면 그 성질이 변하게 된다. 특히 양전자 230개의 우라늄에 중성자를 강하게 충돌시키면 새로운 물질로 분열되면서 약간의 질량이 감소하면서 그 감소된 질량이 에너지의 형태로 방출된다. 여기서 발생하는 에너지는 아인슈타인의 '질량 에너지 등가 원리'에 의해 $E=mc^2$(여기서 m은 결손 질량, c는 광속)의 에너지가 발생하게 된다.

화학 반응은 원자핵의 변화 없이 궤도전자의 상호 교환으로 이루어지는 반응인 반면, 핵반응은 원자핵을 구성하고 있는 중성자와 양자의 상호 균형에 의해 일어나는 반응이다. 핵반응의 종류는 핵변환, 핵분열, 핵융합 등이 있다. 핵분열이란 원자핵이 쪼개지는 현상을 의미하는 것으로 원자핵을 구성하고 있는 양자나 중성자의 수가 변할 수 있도록 외부에서 양자나 중성자가 원자핵 속으로 들어가면 핵분열이 일어난다. 핵분열에너지를 활용해나가기 위해서는 원자핵을 쪼개는 데 소요되는 에너지보다 핵분열로 방출되는 에너지의 양이 커야 하며, 가급적이면 자연계에 존재하고 핵분열이 쉽게 일어나는 물질을 핵연료로 사용하는 것이 바람직하다. 핵분열을 일으키는 핵종 중 U-235가 중요한 의미를 갖는 것은

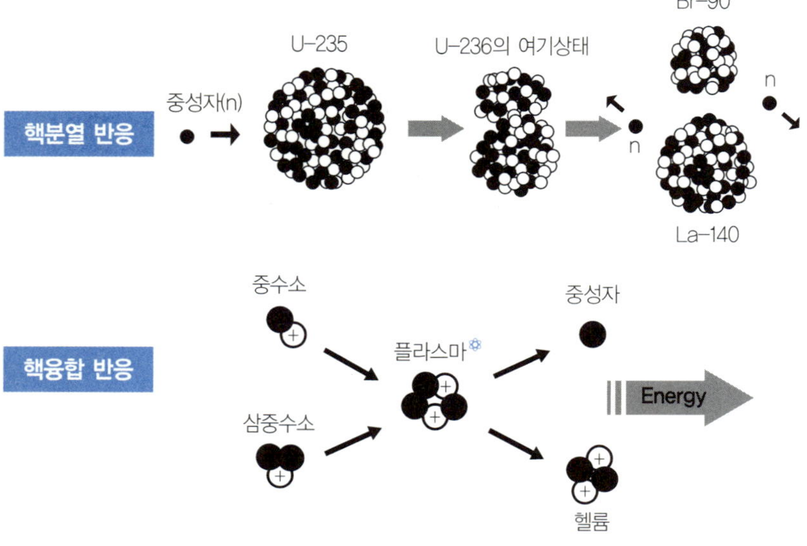

핵분열에 필요한 에너지가 방출되는 에너지보다 적어서 에너지가 자동적으로 공급되어 중성자가 핵 속으로 들어가기만 하면 핵분열이 쉽게 일어나며, 핵분열 후에는 몇 개의 중성자를 더 방출하여 에너지의 공급 없이도 핵분열을 지속시켜나갈 수 있기 때문이다.

핵분열에너지는 무거운 원소에 중성자가 충돌하여 핵이 쪼개지면서 에너지를 발생하나, 핵융합에너지는 가벼운 2개의 원자핵이 합쳐질 때 에너지가 발생되는 것으로 반응 후에는 헬륨 등과 같은 안정된 핵종을

❋ 플라스마(plasma) : 고체, 액체, 기체 상태가 아닌 제4의 물질 상태로 원자핵과 전자가 분리된 자유로운 형태. 태양을 비롯한 우주의 99퍼센트 이상은 플라스마 상태이며, 번개나 오로라, 형광등, 네온사인도 플라스마에 해당한다.

생성한다. 핵융합 반응의 대표적인 예가 바로 태양인데, 태양 내부에서
는 초당 약 6억 톤의 수소가 핵융합 반응을 일으켜 헬륨으로 변환되면서
약 400만 톤의 질량 결손으로 초당 $3.8 \times 1,020MW$의 에너지가 발생하고
있다.

거대한 인공 태양 프로젝트, 핵융합 발전

살펴본 바와 같이 핵융합에너지는 핵분열 원자력과는 완전히 반대되는
발전 프로세스를 가지고 있다. 핵분열에 비해 수천, 수만 배의 에너지를
발생하는 핵융합은 태양이 불타는 원리다. 태양은 수소, 헬륨의 핵융합
반응으로 엄청난 열과 빛의 에너지를 지속적으로 뿜어내고 있는 것이다.
태양에서는 수소 원자 4개가 합쳐져 1개의 헬륨을 만드는데, 매초 7억 톤
의 수소가 헬륨으로 변환되고 있다. 이 과정에서 태양은 초당 4조W의
100조 배에 달하는 에너지를 방출한다. 핵분열과 핵융합에 대한 기초적
인 이해는 모두 아인슈타인의 상대성원리 공식에 도움 받은 바 크다. 원
자의 질량이 손실되어 사라지면서, 그에 상응하는 에너지가 발생한다는
원리를 따른다. 즉, 핵분열 과정에서도, 핵융합 과정에서도 일정량의 질
량 손실이 발생하며, 그 물질이 사라지면서 에너지가 생긴다는 것이다.
예를 들어, 한국의 네 곳의 핵분열 원자력 발전소는 연간 750톤의 농축
우라늄과 천연 우라늄을 사용해 전기를 생산한다. 이 750톤의 우라늄 원
료가 에너지로 바뀌는 과정에서 손실되는 질량을 $E = mc^2$ 공식에 넣어 계

산하면 연간 5킬로그램에 불과하다. 즉, 5킬로그램의 우라늄이 사라지면서 1년간 쓰는 전기에너지로 변환된다. 하지만 핵융합 발전에는 값비싼 우라늄이 필요 없다. 핵융합은 연료로 중수소와 삼중수소가 이용된다. 중수소와 삼중수소를 특수 전기 장치를 이용해 섭씨 1억 도까지 올리면 전자가 분리되고, 이온화된 다량의 원자핵과 전자가 고밀도로 몰려 있는 플라스마 상태가 된다. 플라스마 상태의 중수소와 삼중수소가 서로 충돌하면 중성자와 헬륨이 생성된다. 이때 생성된 중성자와 헬륨의 질량의 합은 충돌 전의 중수소, 삼중수소의 질량의 합보다 작은데, 이 질량의 차이가 에너지로 변환된다. 지구는 태양처럼 핵융합 반응이 일어날 수 있는 초고온·고압 상태의 환경이 아니기 때문에, 자기장이나 레이저를 이용해 태양과 같은 환경을 인공적으로 조성하는 '핵융합로'를 만들어야 한다. 이것이 사실 핵융합 기술의 핵심이라고 할 수 있다. 핵융합에너지를 얻기 위해서는 지구상에 존재하지 않는 1억도 이상의 초고온 플라스마를 만들어야 하고, 이 플라스마를 가두는 그릇 역할을 하는 핵융합 장치와 연료인 중수소와 삼중수소가 필요하다. 수억 도의 플라스마 상태에서 수소 원자핵들이 융합해 태양에너지와 같은 핵융합에너지를 만들 수 있는 것이다. 핵융합 장치는 이 같은 초고온의 플라스마를 진공 용기 속에 넣고, 자기장을 이용해 플라스마가 벽에 닿지 않게 가두어 핵융합 반응이 일어나도록 하는 원리를 갖고 있다. 이때 플라스마가 핵융합 장치 벽면에 직접 닿지 않기 때문에 벽면 부분의 온도는 수천 도에 불과하다. 핵융합 장치는 이처럼 태양에서와 같은 원리로 에너지를 만들어낸다고 해 '인공 태양'이라 불리기도 한다.

E=mc²
원자력!
대단한
에너지네
작지만
강하다!

이 분야에서 우리는 자부심을 가질 만한 성과를 가지고 있다.

국가핵융합연구소는 핵융합 원천 기술을 확보하고, 21세기 핵융합에너지 상용화를 선도하기 위해 가장 진보된 형태의 핵융합 장치인 차세대 초전도 핵융합 연구 장치 KSTAR(Korea Superconducting Tokamak Advanced Research)를 국내기술로 개발 제작했기 때문이다. 우리나라가 에너지 강국으로 발전할 수 있는 기반이 될 KSTAR는 2007년 9월 건설이 완공되어 종합 시운전을 거쳐 2008년 7월 최초 플라스마 발생을 선언하고 본격적인 운영 단계에 들어섰다. KSTAR는 약 20년간의 운영을 통해 핵융합 장치 고성능 운전 기술을 확보하고 핵융합 전문 인력을 양성해 우리나라가 2040년대 상용할 핵융합로 건설에 필요한 핵심 기술을 선점하고 핵융합 발전 원천 기술 주도에 기여할 것으로 판단된다.

원래 우리는 이 분야에 국제기구에 참여할 만한 자본도 기술도 없는 상태였다. 그러나 10여 년간의 연구를 통해 독자적으로 진보한 기술을 획득했다. 2006년에 세계 3대 핵융합로라고 불리던 미국, 유럽연합, 일본의 토카막(Tokamak-핵융합에 필요한 중수소와 삼중수소의 고온 플라스마를 발생하게 하는 장치)의 수명이 다했다. 이들은 구리자석을 채용한 시스템으로 플라스마 지속시간이 5~10초에 불과했다. 반면 2007년 8월에 준공된 KSTAR는 차세대 핵융합로로서, 일본, 미국 등의 기존 구형 핵융합로보다 30배 이상 성능이 뛰어나다. 세계 어느 나라에서도 시도하지 못했던 100퍼센트 초전도 자석을 장착한 토카막으로, 3억도 이상의 플라스마가 300초 동안 지속될 수 있다. 세계 3대 핵융합 실험 시설은 대부분 일반 전자석으로 제작됐다. 그러나 KSTAR의 토카막 초전도 자석은 섭씨 영하 268.6도의 액체 헬륨 속에서 전기 저항 없이 작동하기 때문에 중수소를 훨씬 강력한 자기장 속에 장시간 가둬놓고 가열시켜 핵융합을 일으킬 수 있다.

KSTAR 핵융합로의 구조를 간단히 설명하면, 가정에서 쓰는 전자레인지와 같다. 전자레인지 안에 중수소라는 요리를 넣고, 300초 이상 마이크로파를 투여해 가열한다. 그러면 전자레인지 안이 3억 도의 온도까지 올라가고, 그 온도에 이르면 중수소라는 요리가 스스로 질량이 줄어들면서 그 손실된 질량에 상응하는 방대한 빛과 열에너지를 방출하기 시작한다. 그 열에너지를 밖으로 뽑아내어 물을 끓여서 그 수증기로 발전기 터빈을 돌려 전기를 생산해내는 것이다. 전자레인지가 중수소를 데우는 데 소모되는 전기에너지는 1와트인 반면에, 3억 도의 온도가 된 중수소가 스스로 내뿜는 에너지는 수십 기가와트의 전기에너지가 된다.

한국원자력연구소의 오병훈 박사는 "핵융합 발전이 상용화되려면 투입된 에너지보다 생산된 에너지가 20배 이상 많아야 하는데 현재는 거의 같은 수준"이라고 말했다. 아직 기술적인 연구와 개발이 많이 남아 있는 분야라는 설명이다.

3억 도의 온도가 되어도 전자레인지가 녹거나 폭발하지 않게 하는 기술, 그리고 에너지가 갑자기 다량으로 방출되지 않게 하고 그 발생되는 에너지를 통제할 수 있는 기술 등 여러 가지 최첨단 기술이 필요하다. 중수소는 바닷물 1리터에서 0.03그램을 얻을 수 있는데, 이를 추출하는 비용은 10원이다. 중수소 1그램은 석유 8톤과 같은 에너지를 만들어낼 수 있다. 삼중수소도 지각과 바닷물에 풍부한 리튬에서 추출할 수 있으며 현재 전 세계에 3,000년 이상 사용할 수 있는 양이 매장되어 있다. 이런 조건들이 핵융합 발전의 잠재력을 보여주는 대목이며, 선진국들이 막대한 투자를 마다하지 않는 이유이기도 하다.

핵분열은 희귀 자원인 우라늄이 필요한데 한국은 이 우라늄을 전량 외국에서 수입하고 있다. 반면 핵융합은 바닷물을 걸러내서 전자레인지로 가열해 발전하는 방식이라서 자원 부족이 있을 수 없다. 에너지 수입 의존도가 97퍼센트가 넘는 한국에는 매우 중요한 사업이다. 또한 핵분열은 인체에 해로운 방사능 문제가 있으나, 핵융합은 방사능 문제가 없다는 것이 중요하다. 체르노빌 사태 같은 대재앙에 원천적으로 비껴나 있다. 1988년 핵융합 발전 국제 공동 연구 기구인 ITER 프로젝트가 시작된 이래로 2015년 열출력 500MW급 핵융합 발전을 목표로 한국, 유럽연합, 미국, 일본, 중국, 러시아, 인도 7개국이 참여했다. 막대한 자본과 최첨단 기술이 필요한 이 프로젝트에 한국은 독자적인 개발 기술을 인정받아 매우 좋은 조건으로 참여하여 향후 기득권을 인정받을 토대를 만들었다. 2007년 현재 KSTAR는 세계 최고의 핵융합로로 인정받고 있다.

인류의 희망, 국가의 희망을 발견하다

인류 역사상 가장 위대한 발명이 무엇이었을까?

그 답은 불이다. 인간이 불을 사용하게 되면서 문명의 진보를 이루게 되었다. 그래서 불의 역사가 곧 인류 전체의 역사다. 실질적으로 음식을 익혀 먹고 난방을 하는 용도로 사용되는 불이 제1의 불이라면 인류의 진보를 가속화시킨 전기는 제2의 불이라고 할 수 있다. 그렇다면 제3의 불은 무엇일까? 바로 원자력에너지다.

원자력 발전은 우라늄 원자핵이 분열할 때 생겨나는 에너지다. 흔히 원자력이라 하면 방사능 피해나 오염을 떠올리지만 실제로 원자력은 석탄이나 석유에 비해 온실가스인 이산화탄소를 거의 배출하지 않는 청정에너지다. 그러나 방사능 폐기물의 발생이라는 치명적인 문제를 가지고 있기도 하다.

21세기에 인류 전체가 직면한 가장 심각한 문제 중 하나가 문명을 지탱해나갈 에너지를 확보하는 일이다. 앞으로 30~40년 안에 에너지 소비량이 현재의 두 배로 늘어날 것이란 전망이다. 그렇다면 지구상에 그만한 에너지 자원이 있는가? 그리고 날로 위험이 높아지고 있는 온난화를 피할 수 있는 에너지가 있는가? 이런 질문은 끊임없이 나올 수밖에 없고 모든 신재생에너지는 이 문제에 대한 답을 제출하고자 애써왔다. 그리고 현재까지 가장 확실한 가능성을 갖고 있는 답은 제4의 불로서의 핵융합

발전이다.

핵융합에너지는 태양이 계속 열을 내고 있는 것과 같은 원리의 에너지다. 수소와 같은 가벼운 원자핵들이 고온에서 융합해 무거운 헬륨 원자핵으로 바뀐다. 이때 감소되는 질량만큼 엄청난 에너지가 발생한다. 이 원리를 응용하여 핵융합으로 미래의 에너지 문제를 해결코자 하는 연구가 세계적으로 진행 중인 것이다.

다행스러운 것은 우리나라도 핵융합 연구엔 선진국에 속한다는 것이다. 젊고 의욕 있는 과학자들이 장기간 이 프로젝트에 매달려 착실히 성과를 내고 국제적으로 인정받는 모습은 매우 긍정적이다. 그러나 최근 들어 10여 년간 이 연구 개발에 매진했던 국가핵융합연구소의 소장이 교체되는 등 잡음이 들리는 것은 장기적으로 우려할 만한 일이라고 생각한다.

핵융합 발전은 단순한 경제논리나 정치적 문제와는 완전히 분리하여 다뤄져야할 중요한 문제다. 우리는 앞서 말한 바와 같이 외교력이나 투자를 통해 국제 프로젝트에 참여할 수 있게 된 것이 아니라, 전적으로 연구개발자들이 거둔 특별한 성과 덕분에 참여가 가능했다는 점을 잊지 말아야 한다. 이 국제 프로젝트에 참여가 결정된 것만으로 향후 수십조 원을 넘어서는 수익을 보장받은 것이나 다름없다. 정부는 좀 더 적극적인 지원을 통해 과학자들에게 연구 환경을 제공하는 것만이 임무일 것이다. 연구자들이 지금 받아야 할 것은 칭찬과 격려일 뿐이다.

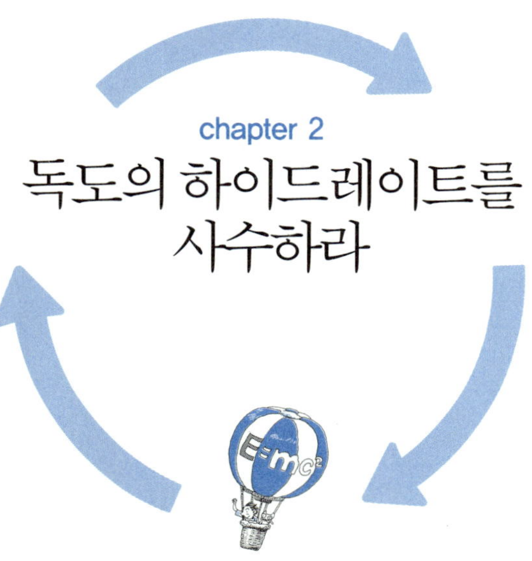

독도의 하이드레이트를 사수하라

독도가 품고 있는 미래

독도를 두고 상시적으로 긴장 상태를 반복하는 한국과 일본 사이에 새로운 경제적 이슈가 발생했다. 그것은 독도 해역에 매장된 꿈의 에너지원과 관련된 이야기였다. 이야기의 시작은 이렇게 된다.

1997년 12월 러시아 과학원 소속 무기화학연구소에서 연구 중인 경상대 화학과의 백우현 교수는 연구소장 쿠즈네초프(Kuznetsov)로부터 한국의 동해 바다 한 지점에 붉은색으로 하이드레이트 분포 추정 지역임을 분명히 표기하고 있는 지도를 선물로 받았다. '하이드레이트'란 메탄이 주성분인 천연가스가 얼음처럼 고체화된 상태로서, 기존 천연가스의 매장량보다 수십 배 많은 데다가 그 자체가 훌륭한 에너지 자원이면서도 석유의 매장 가능성을 알려주는 '지시 자원'이라고 볼 수 있다. 1998년 5월 백우현 교수가 러시아를 재방문했을 때 '동해에 관련된 하이드레이트의 자세한 정보'를 부탁하자, 쿠즈네초프 소장은 다음과 같은 의미 있는 답변을 했다고 한다. "우리 연구소 규칙상 공개할 수 없는 자료입니다. 그런데 일본이 동해의 독도 영유권을 끈질기게 주장하고 있다지요?"《신동아》 1998년 9월호는 이 부분의 이야기를 매우 충격적으로 다루고 있다. '지금까지 일본이 한국의 영토인 독도를 자기네들 땅이라고 우겨온 중요한 이유가 동해상의 풍부한 해양 자원 확보를 염두에 둔 전략이라는 항간의 소문이 근거 있는 것임을 보여주는 대목'이기 때문이라고 지적한 것이다.

현재 하이드레이트의 개발 수준은 그 매장량이 막대함에도 개발 기술이 초보 단계이므로 러시아를 제외하고는 상업적 생산이 거의 이루어지지 않고 있다. 하지만 일본은 하이드레이트층에 대한 축적된 탐사 자료를 통해 1999년 11월에는 난카이 해구에서 시험 생산 체계에 돌입했다. 우리나라도 이러한 상황에 발맞춰서 1998년에는 가스 하이드레이트 부존 지역 파악을 위한 물리 탐사를 수행하고 염화나트륨(NaCl) 3wt퍼센트 용액에서 메탄 하이드레이트 평형 조건을 규명했다. 또한 압력에 따른 메탄 하이드레이트 형성 시간을 규명하고 울산 해역에서의 메탄 하이드레이트 안정 영역을 확인했다. 그리고 탄성파 탐사 자료로부터 메탄 하이드레이트 부존 가능성을 확인했다.

1999년에는 다공질 매체(porous media)에서 가스 하이드레이트 특성 규명을 위한 실험장치의 자체 제작에 성공, 2000~2004년에는 산자부(현 지식경제부) R&D 센터 연구 과제로 수행(가스공사에서 연간 약 3.3억 원씩 투자) 중이다. 현재 해수면 아래 2,800미터(수심 945미터, 해저하 1,855미터) 지점에서 메탄 하이드레이트가 함유된 사암층 표본을 채취했으며 2015~2020년쯤 생산이 가능할 것으로 보인다.

이제 독도 영유권 분쟁이 단순한 역사적 영토 분쟁의 문제가 아니라 미래 에너지 자원을 확보하느냐 빼앗기느냐의 문제로까지 발전한 것이다. 잠정적 추정에 의하면 이 지역의 하이드레이트 매장량은 약 6억 톤 정도로 알려져 있으며 이는 거의 무한하다고 할 만큼의 에너지원이 될 수 있다. 독도와 관련한 영유권 분쟁은 이제 완전히 다른 차원에서 검토되어야 할 필요가 있는 단계에 이르렀다.

가스 하이드레이트 개발의
역사 및 개요

크러스레이트 하이드레이트(clathrate hydrate)는 '장벽(barrier)'을 의미하는 그리스어 'khlatron'에서 유래한 말로 주체(host) 분자들이 수소결합을 통해 형성하는 3차원의 격자 구조에 객체(guest) 분자들이 화학 결합 없이 물리적으로 포획되어 있는 결정성 화합물이다. 이때 주체 분자들이 물 분자이면서, 객체 분자들이 저분자량의 가스 분자들(CH_4, CO_2, H_2S 등)인 경우가 가스 하이드레이트(Gas Hydrate)로 분류된다.

가스 하이드레이트가 처음 발견된 것은 1810년 험프리 데이비(Humphrey Davy, 1778~1829)에 의해서다. 그는 영국의 왕립협회 회원들을 대상으로 하는 베이커 강연(Bakerian Lecture)에서 염소와 물을 반응시킬 때 얼음과 유사한 형태의 화합물이 생기지만 그 온도가 섭씨 0도 보다 높다는 것을 발표했다. 이 발표는 많은 과학자들의 관심을 불러일으켰고, 곧 가스 하이드레이트의 구조, 조성, 생성 조건에 대한 논란이 벌어졌다. 이후 1823년 마이클 패러데이(Michael Faraday, 1791~1867)가 열 개의 물 분자에 대해 한 개의 염소 분자가 반응하여 가스 하이드레이트가 생성되는 것을 최초로 밝혀냈다. 이후 현재에 이르기까지 가스 하이드레이트는 상변화 물질(Phase Change Material, PCM) 중의 하나로 학문적인 연구가 계속되고 있으며, 주요 연구 내용으로 상평형과 생성·해리 조건, 결정 구조, 다결정의 공존 현상, 동공 내의 경쟁적 조성 변화 등을 들 수 있으며, 이외에도 다양한 미시적·거시적 측면에서의 세밀한 연구 진행이 이루어지고 있다.

학계에 머물던 가스 하이드레이트가 산업계의 주목을 받은 것은 1934년《Industrial and Engineering Chemistry》에 발표된 해머슈미트(Hammerschmidt)의 논문에 의해서다. 이 논문에서 그는 천연가스의 주성분인 메탄, 에탄, 프로판 등이 물 분자와 반응하여 얼음과 유사한 가스 하이드레이트를 형성하고, 이로 인해 파이프라인의 막힘(plugging) 현상이 발생하게 된다는 이론을 제시했고, 가스 하이드레이트의 생성 및 해리 조건, 이를 막기 위한 저해제(inhibitor)의 필요성을 강조했다. 이 발견은 학계는 물론 천연가스 산업계에 비상한 관심을 불러일으켰고, 이후 파이프라인 내의 하이드레이트 생성을 피하기 위한 천연가스 정제 공정과 저해제 적용 공정에 대한 연구가 활발해졌다. 이 시기가 가스 하이드레이트 연구의 첫 번째 전환점이라고 할 수 있으며, 이후 파이프라인에서의 가스 하이드레이트 생성 억제를 위한 연구는 해양공학 기술(Offshore Technology)의 핵심 사안 중 하나로 가스전과 유전을 개발하고자 하는 기업들의 최대 해결 과제로서 지금까지도 연구가 계속되고 있다.

가스 하이드레이트 연구의 두 번째 전환점은 1965년 러시아의 한 과학자에 의해서 이루어졌다. 그는 시베리아 영구동토층(Permafrost) 지역에 방대한 양의 천연가스가 하이드레이트 형태로 부존되어 있음을 발표했으며, 그가 참여한 시베리아 메소야하(Messoyakha) 가스전 개발 사업에서는 하이드레이트로부터 해리된 천연가스를 1969년부터 약 10년간 $5.7 \times 1,013$세제곱미터 정도 생산한 것으로 알려지고 있다. 이후 러시아에서는 가스 하이드레이트의 탐사 관련 연구가 많이 이루어졌고, 흑해와 카스피 해, 바이칼 호에서의 가스 하이드레이트의 부존을 확인했다. 이에 반해 서방 세계는 1972년에 이르러서야 기존의 화석 연료를 대체할 수 있는 에너지 자원으로 가스 하이드레이트의 중요성을 인식했다. 당시 알래스카 지역에서 가스전을 개발해오던 한 회사가 가스 하이드레이트 코어 샘플을 채취했으며, 같은 해 캐나다의 한 석유 회사는 매켄지 델타(Mackenzie Delta) 지역의 시추 과정에서 가스 하이드레이트를 발견했다. 이러한 일련의 발견은 러시아와 미국, 캐나다로 하여금 자국 내 영구동토층에서 활발한 가스 하이드레이트 탐사 활동을 벌이는 계기가 되었다.

한편 심해저 가스 하이드레이트는 1980년에서야 그 존재가 밝혀지기 시작했다. 당시 진행되고 있던 미국의 심해 굴착 계획(Deep Sea Drilling Project) 도중 대서양 및 태평양 해저에서 가스 하이드레이트를 발견했으며, 미국을 포함한 전 세계의 심해저에 가스 하이드레이트가 존재하고 있음이 1980년부터 주장되었다. 이후 계속된 탐사를 통해 세계 각국의 심해저 퇴적층에 가스 하이드레이트의 존재 가능성이 제시되었다. 그중 미국과 일본, 중국, 인도, 그리고 한국 등 5개국이 자국 내 심해저에서 가스 하이드레이트 샘플 시추에 성공했다. 지금까지 가스 하이드레이트의 확인을 위한 탐사와 시추가 연구의 중심에 있었고 앞으로도 지속될 것이지만, 향후 가스 하이드레이트로부터 천연가스를 생산하기 위한 개발 기술의 연구도 많이 이루어질 것으로 예측된다.

가스 하이드레이트에 대한 연구가 활발히 이루어지면서 많은 응용 기술들이 개발되었다. 1994년 노르웨이의 구문센(Gudmundsson)에 의해 -10~-20도의 온도 범위에서 상압에서도 천연가스 하이드레이트가 안정되게 존재되는 자기보존(self-preservation) 효과가 밝혀지면서, LNG를 대체하는 천연가스 저장 및 수송 매체로서 가스 하이드레이트를 적용하는 연구가 시작되었다. 또한 KAIST 이흔 교수의 연구를 통해 수소 저장 매체로서의 활용 가능성이 제시되었으며, 연소 배가스로부터 이산화탄소를 분리할 수 있는 분리 공정(Hydrate Based Gas Separation, HBGS process)의 가능성도 제시되었다. 또한 가스 하이드레이트의 상변화 현상은 에너지 저장 매체로서도 활용이 가능하므로, 미국과 일본에서 첨두 부하 절감을 위한 냉열 저장 매체로서 연구되고 있다. 이와 더불어 최근 가스 하이드레이트를 이용한 담수화 기술이 많은 주목을 받고 있다. 가스 하이드레이트 결정 구조 성장 시 물 분자와 가스 분자만이 참여하고, 소금 분자들은 분리되기 때문에 멤브레인 등을 이용한 공정보다 단순한 공정이 가능할 것으로 예상된다. 이외에도 제지 공정에서 배출되는 물로부터 불순물의 분리, 식료품 업계의 응용, 효소 활동성의 최적화를 위한 가스 하이드레이트 이용 연구 등이 생명화학공학 분야에서도 이루어지고 있다.

가스 하이드레이트에 대해서는 2007년 11월 동해에서 발견된 대규모의 가스 하이드레이트 퇴적층으로 인해 차세대 에너지 자원으로서 주로 부각되고 있지만, 앞서 살펴본 바와 같이 19세기부터 시작된 긴 연구 역사와 여러 산업적인 응용 분야는 국내에 아직 널리 알려지지 못한 것이 사실이다. 따라서 다양한 분야에서의 가스 하이드레이트 응용 기술 연구를 소개하고, 이를 통해 에너지 자원 및 가스 산업에서의 중요성을 살펴봄으로서, 국내 가스 하이드레이트 연구가 더욱 활발해지는 계기를 마련하는 것이 시급하다. 차세대 천연가스 공급원으로서의 자원 잠재성과 지구온난화 문제에 대처하기 위한 탄소 절감 방법 차원에서 매우 중요한 자원임에 틀림없다.

가스 하이드레이트, 어떻게 사용할 것인가?

2007년 11월 국내 주요 언론을 통해 동해 지역의 가스 하이드레이트 시추 성공 사실이 알려졌다. 9월부터 54일간 계속된 동해 지역의 시추는 3개 지점에 대하여 실시되었으며, 두께 130미터에 이르는 초대형 가스 하이드레이트층을 발견한 것으로 발표되었다. 이어서 2008년 4월 한국과 미국은 협력의향서(SOI) 체결을 통해 미국의 알래스카 가스 하이드레이트 개발 프로젝트에 한국 기업이 참여할 수 있는 방안을 논의하기로 했다. 이러한 일련의 소식을 통해 가스 하이드레이트가 대중적으로 많이 알려졌지만, 앞서 간단히 언급했다시피 가스 하이드레이트가 차세대 에너지원으로 주목받기 시작한 것은 역사가 그리 길지 않다. 그럼에도 불구하고 전 세계의 주목을 받는 이유는 그 부존 지역이 석유 자원과 같이 특정 지역에 한정되어 있지 않고, 그 부존량이 상당하다는 것 때문이다. 1993년에 예상된 가스 하이드레이트 형태의 부존량은 약 10,000×1,015 그램으로 통상적인 석탄, 석유, 천연가스 등 기타 모든 탄소 자원을 합한 양의 두 배에 해당한다. 그 부존량이 워낙에 방대하기 때문에 가스 하이드레이트는 현재의 경제성을 떠나서 미래의 차세대 에너지원으로 주목

지역	통상 천연가스(TCM)	가스 하이드레이트(TCM)
북아메리카	32.82	6,853
라틴아메리카 & 캐리비안	21.10	5,319
서유럽	15.27	856
중부·동유럽	2.05	0
구소련	117	4,711
북아프리카	77.2	214
사하라 사막 이남	13.9	429
중앙아시아 & 중국	10.07	429
태평양 OECD	2.68	1,713
태평양 아시아	11.18	214
남부 아시아	4.72	429
합계	310.3	20,987

• TCM: Trillion cubic meters

을 받고 있다고 할 수 있겠다.

자연계에 존재하는 이들 가스 하이드레이트는 두 가지 형태로 구분된다.

첫 번째는 생물기원(biogenic) 가스 하이드레이트로 주로 심해저 퇴적층에서 박테리아에 의해 유기물이 분해될 때 생성되는 가스가 물과 반응해 가스 하이드레이트로 전환되는 것으로 거의 메탄으로 구성된다. 두 번째는 열기원(thermogenic) 가스 하이드레이트로 압력과 온도가 높은 심부에서 세립질 근원암에 포함된 유기물, 석탄 및 석유가 오랜 기간 동안 열적 분해 작용을 받으면서 생성된 것으로 메탄 이외에 에탄, 프로판, 부탄 등의 탄화수소 화합물들이 물과 반응하여 가스 하이드레이트로 전환된 것이다. 해저 퇴적층에 부존된 가스 하이드레이트의 경우 거의 대부분 생물기원인 것으로 알려져 있으며, 2007년 동해에서 채취된 가스 하이드레이트 샘플의 경우도 해리 가스 조성은 99퍼센트 이상이 메탄인 것으로 분석되었다. 단 멕시코 만이나 카스피 해, 캐나다 서부 해안의 경우에는 열기원 가스 하이드레이트도 존재하는 것으로 알려져 있다. 이에 반해 동토 지역에 부존된 가스 하이드레이트는 재래형 천연가스와 인접하고 있으며, 대부분 열기원인 것으로 알려졌다. 다만 알래스카 지역의 북부 사면(Alaska North Slope, ANS)의 경우에는 열기원과 생물기원 가스 하이드레이트가 함께 공존하고 있다.

가스 하이드레이트 형태로 부존되어 있는 천연가스를 개발하기 위해서는 첫째, 탐사 결과의 해석을 통한 가스 하이드레이트전(gas hydrate well)의 특성을 철저하게 분석하여 원시 자원량(resource)과 가채 매장량(reserve)을 명확히 구분하는 일이 선행되어야 하며, 둘째, 가스 하이드레이트전으로부터 경제적인 천연가스 생산이 가능한 개발 기술을 적용해야 한다.

가스 하이드레이트 부존 지역의 탐사와 특성 분석은 지질 및 자원 관련 내용을 많이 포함하게 되므로 화학공학 전공자에게는 생소할 수도 있다. 그러나 이 분야에서도 반드시 필요한 정보 중 하나는 가스 하이드레이트의 상평형 조건과 기초 물성이다.

일반적으로 지층 깊이가 깊어질수록 지열에 의하여 온도는 상승하게 된다. 따라서 가스 하이드레이트 부존 지역을 예상할 때는 우선 지열구배를 측정하여 메탄 하이드레이트의 상평형 조건과 비교하여 부존 깊이를 예측한다. 영구동토층의 경우 200~1,000미터 범위에서 가스 하이드레이트가 안정되며, 심해저의 경우 해저 표면 1,200~1,500미터 범위에서 가스 하이드레이트가 안정되게 부존될 수 있다.

한편 가스 하이드레이트 개발 기술은 아직까지 상용 기술이 개발되지 못하고 있는 것이 현실이다. 다만 가스 하이드레이트의 특성과 러시아에서의 경험을 바탕으로 감압법과 열수 주입법, 저해제 주입법의 세 가지 방법이 많이 알려져 있다. 감압법은 가스 하이드레이트와 인접한 자유 가스층에 시추공을 삽입하고 가스층의 압력을 감소시키는 방법이다. 이 경우 자유 가스층의 압력 감소는 인접한 가스 하이드레이트층의 해리를 유발할 것이고, 일정 기간 동안 가스 생산을 지속시킬 수 있다. 이 방법은 러시아의 메소야하 가스전에서 처음으로 사용되었다. 메소야하 가스전은 1969년부터 가스 생산을 시작하여 1982년 가스전 압력 감소로 생산을 중단했는데, 상부의 하이드레이트층으로부터 천연가스가 해리되면서, 가스전 압력이 다시 증가해 가스 생산을 재개했다. 이후 가스전에서 생산되는 가스와 하이드레이트층으로부터 해리되는 가스의 속도가 평형을 이루면서 생산량은 연 0.4큐빅비트(Bcf) 수준으로 유지되고 있다.

열수 주입법과 저해제 주입법은 가스 하이드레이트에 인접한 자유 가스층이 없을 때 고려될 수 있는 방법이다. 하지만 저해제 주입은 개발 비용이 20퍼센트 이상 증가하게 하고, 천연가스 생산 공정이 복잡해지기 때문에 우선적으로는 열수 주입법이 고려 대상이다. 열수 주입법을 통해 가스 하이드레이트로부터 천연가스 생산에 처음으로 성공한 것이 2002년 캐나다에서 이루어진 말릭 프로젝트(Mallik project)다. 말릭 지역은 알래스카와 인접한 캐나다의 영구동토층으로 1970년대에 이루어진 탐사에서 이미 방대한 양의 가스 하이드레이트가 확인되었다. 이 지역의 가스 하이드레이트는 두께가 200미터 이상이며, 포화도 역시 매우 높아서 자원으로서의 가치가 높았다. 미국과 일본, 캐나다, 독일, 인도 등이 컨소시엄을 형성하고, 말릭 프로젝트라는 이름하에 열수 주입법을 이용한 생산을 시도했다. 이 방법에서는 섭씨 90도로 가열된 열수를 가스 하이드레이트층으로 주입해 가스 하이드레이트층의 온도를 섭씨 50도 이상으로 유지했으며, 생산된 가스는 두 단계의 분리 공정을 거쳐 물과 가스로 분리되고, 가스는 플레어(flare)로, 물은 열교환을 통해 다시 생산정에 주입되었다. 5일간의 열수 주입에 의한 천연가스 생산 실험은 매우 성공적이었으며, 일일 최대 생산량은 1,500세제곱미터에 이르렀다. 이 프로젝트의 성공에 고무된 일본 정부는 두 번째 말릭 프로젝트를 계획했으며, 이 프로젝트에는 일본이 단독으로 캐나다와 협력 연구를 수행했다. 2008년 4월 14일 《타임스》에 보도된 기사는 2007년 겨울 일본이 실시한 가스 하이드레이트 개발 실험의 성공을 알리고 있다. 이 지역의 지하 1,000미터에 부존되어 있는 가스 하이드레이트층에 대해 천연가스 생산 시험을 실시했으며, 이때 일본은 시추와 생산에 참여하여 자국 기업의 기술 확보에 주력했다. 정확한 생산량과 생산 기술은 밝히지 않고 있지만 산업적으로 의미 있는 양을 생산했다고 보도되었으며, 향후 일본 근해에 부존되어 있는 가스 하이드레이트 개발 기술 연구에 중요한 데이터로 사용될 것으로 예측된다. 주목할 점은 일본 기업이 확보한 가스 하이드레이트 개발 기술을 중국과 한국 등에 이전할 수 있음을 시사했는데 이것으로 일본의 기술 선점 의도를 엿볼 수 있다. 앞서 제시한 감압법, 열수 주입법, 저해제 주입법 이외에도 다양한 개발 기술이 전 세계 국가들에서 연구 중이다. 그중에는 지열을 이용하여 열수를 만들어 주입하는 방법과 지층에서의 촉매 산화 반응을 통해 하이드레이트를 해리시키는 방법도 있다.

현재 예상으로는 향후 10년 이내에 영구동토층에서 가스 하이드레이트의 상업적 개발이 시작될 것이며, 심해저 가스 하이드레이트의 개발도 이루어질 것으로 관측되고 있다. 한국의 가스 하이드레이트 사업단은 현재 2015년까지 가스 하이드레이트 개발을 목표로 연구 개발에 많은 노력을 기울이고 있지만, 국내 실정에 적합한 가스 하이드레이트 개발 기술 확보는 어려운 것이 사실이다.

세계는 왜 하이드레이트에 관심을 쏟을까?

지구온난화 문제가 심각한 사회적 이슈로 떠오르면서 기후변화와 전 지구적 탄소 사슬(global carbon cycle)에 대한 연구가 늘고 있다. 가스 하이드레이트가 이러한 사회적 주요 이슈와 관련되는 이유는 전 지구적 탄소 사슬에서 메탄의 역할과 미래 기후변화에 대한 잠재적인 위험성 때문이다. 지금까지는 가스 하이드레이트의 탐사와 개발, 해저사면 안정성 측면의 연구가 제각각 이루어지고 있는데, 앞으로는 이를 전 지구적 탄소 사슬의 관점에서 통합하고자 하는 노력을 기울일 예정이다. 즉 가스 하이드레이트에서 천연가스를 생산하는 데 따를 수 있는 환경 영향을 평가하고 이를 최소화하고자 하는 것이다. 이는 가스 하이드레이트의 형태로 영구동토층과 심해저에 격리되어 있는 탄소의 양이 500~10,000기가톤(Gt) CO_2e에 이르기 때문이다. 이 양은 지구에 있는 유기 탄소 전체의 5~53퍼센트에 해당하는 양이다.

이 탄소 사슬에서 가스 하이드레이트는 기후변화와 지질 영향 등에 의해서 탄소를 격리 및 배출하는 유동적인 담보자의 역할을 한다. 현재 가스 하이드레이트에서 배출되는 탄소의 양은 연간 탄소 배출량의 약 1~2퍼센트에 불과한 것으로 예측된다. 그러나 향후 지구온난화 혹은 하이드레이트로부터의 천연가스 생산을 가정한다면, 가스 하이드레이트로부터 배출되는 메탄의 양이 증가할 것이다. 메탄은 이산화탄소에 비해 지구온난화 효과가 20배 이상 강하지만, 배출된 메탄은 대부분 이산화탄소로 산화될 것으로 예상되므로, 향후 지구온난화의 핵심은 이산화탄소에 의해서 이루어질 것이다.

그러나 가스 하이드레이트로부터 천연가스를 생산하는 데 있어서 전 지구적 탄소 사슬이 받는 영향에 대해서는 아직까지 논란과 오류가 반복되고 있다. 한때는 지난 80만 년간의 기후변화가 가스 하이드레이트에 의해 일어났다는 주장이 주목을 끌었으며, 이 이론에 의하면 해수 온도가 섭씨 4도 상승하는 것만으로 막대한 양의 메탄이 가스 하이드레이트로부터 방출되어 대기 중으로 공급되기 때문에 급격한 지구온난화가 야기될 것이라고 한다. 그러나 이러한 주장을 뒷받침하는 데이터들이 오차를 보이거나, 가스 하이드레이트가 아닌 습지 등에서 방출되는 메탄의 양도 무시하지 못하기 때문에, 이 주장은 설득력이 약하다. 이러한 많은 논란 속에서도 인정해야 할 사실은 현재의 심해저 가스 하이드레이트가 안정된 상태가 아니라 유동적인 탄소 담보자라는 사실이다. 이 부분에 대해서는 향후 체계적인 연구가 더 필요할 것으로 보인다.

앞서 기술했듯이 현재의 온실가스 효과의 64퍼센트는 이산화탄소 배출에 의한 것이며, 이 중 연 6기가톤 CO_2e 이상이 인간 활동에 의해서다. 온실가스가 온난화 현상의 원인으로 지목을 받고 있기 때문에 대기 중으로 배출되는 이산화탄소의 양을 경감시키고자 하는 노력이 전 세계적으로 이루어지고 있다. 지금까지 산업계에서 배출되는 배기가스에 포함된 이산화탄소를 분리하기 위한 건식 및 습식 공정이 많이 개발되어 왔지만, 이 이산화탄소의 격리 및 활용에 대해서는 아직 의미 있는 성과를 거두지 못하고 있다. 더욱이 런던 조약에 의한 해상 폐기물 투기 금지 목록에 이산화탄소가 포함되면서, 기존에 이루어지고 있던 이산화탄소 해양 저류 및 용해 자체가 불가능해졌다.

이런 상황에서 석유화학 업계가 관심을 가지고 지켜보고 있는 기술이 EOR·EGR(Enhanced Oil·Gas Recovery)이다. 이 기술은 유전 및 가스전에 이산화탄소를 직접 주입하여 격리하면서, 동시에 원유 및 천연가스를 생산하는 기술로서 이산화탄소 격리에 드는 고가의 비용을 에너지 자원의 개발로 상쇄할 수 있다는 장점을 가지고 있다. 이러한 기술 수요로 인해 미국 DOE는 체계적으로 EOR·EGR 기술을 개발하고, 향후 유전 및 가스전에 적용하고자 하고 있다. 현재 EGR을 통해 천연가스를 생산하는 가스전은 다섯 군데이며, 네덜란드와 미국, 호주, 독일, 오스트리아 등이다. 이러한 EOR·EGR은 지층 깊이 즉, 압력에 대해 이산화탄소와 메탄의 밀도가 달라지는 현상에 의해 가능한 것으로, 이산화탄소와 메탄, 나아가서 천연가스의 열역학적 물성이 중요한 변수다. 또한 이산화탄소의 이송 및 주입을 위한 신공정도 개발되고 있다.

세계적인 개발 열풍과 남아 있는 문제들

이 분야에 있어 선두주자는 미국과 일본 그리고 캐나다와 러시아 등이다.

미국의 경우 알래스카 북부 사면(ANS)에 부존된 가스 하이드레이트의 탐사 및 개발 프로젝트에서 관련 연구가 이루어지고 있다. ANS 프로젝트는 정부 연구 기관과 여러 대학들이 참여하는 컨소시엄에 의해 이루어지고 있다. 이 중 북서태평양국립연구소(PNNL)와 알래스카대학교(UAF, University of Alaska Fairbanks)가 이산화탄소 주입 기술에 대해 공동 연구를 수행하고 있다. 이들은 가스 하이드레이트층에 이산화탄소를 주입할 때의 상거동에 대한 기초 연구를 실시하고, 천연가스 생산을 위한 레저부아 모델링을 함께 실시하고 있다. 특이할 점은 이산화탄소를 마이크로에멀션(microemulsion) 형태로 주입한다는 것이다. 모델링 결과 마이크로에멀션 주입은 열수 주입을 통해 가스를 생산하는 것보다 30배가량 더 많은 천연가스의 생산이 가능했으며, 주입 후 이산화탄소 하이드레이트가 생성되어 지층에 고정되면서 가스 하이드레이트의 포화도가 증가하는 것으로 나타났다. 또한 거의 순수한 천연가스가 생산되는 것으로 드러났으며, 이는 실험실에서 행해진 실험과도 일치하는 결과였다. 북서태평양국립연구소에서는 이산화탄소 마이크로에멀션에 대한 상세한 정보 제공을 꺼리고 있으며, 지적 재산권을 확보하려는 것으로 보인다.

일본의 경우 도쿄 대학교를 중심으로 이산화탄소 격리를 위한 연구가 이루어지고 있는데, 목표가 되고 있는 곳은 니가타 현의 대수층과 홋카이도의 석탄층, 그리고 도쿄 인근 난카이 해구의 가스 하이드레이트 퇴적층이다. 난카이 해구에 부존되어 있는 천연가스의 양은 일본이 향후 100년간 사용할 수 있는 양이어서, 일본 정부는 가스 하이드레이트 개발에 많은 노력을 기울이고 있다. 가스 하이드레이트 개발 기술로서 이산화탄소를 주입하는 기술은 아직 기초 연구 단계다.

특히 난카이의 가스 하이드레이트 퇴적층의 강도가 약한 편이어서 천연가스 생산 시 해저 지층의 함몰로 인한 재해가 발생할 수 있기 때문에, 이산화탄소를 주입하여 하이드레이트의 형태로 지층을 안정화시키고, 동시에 천연가스를 생산하는 것으로 개념을 잡고 있다. 총 다섯 개의 생산정을 채굴하여, 1번과 2번 주입구에서 이산화탄소를 주입하면 가스 하이드레이트층 상부에 인위적인 이산화탄소 하이드레이트 덮개가 형성되어 가스 하이드레이트를 보호하는 역할을 수행하며, 5번 주입구로 투입된 이산화탄소는 가스 하이드레이트 동공 내의 메탄을 치환하면서 역시 이산화탄소 하이드레이트로 전환되어 퇴적층을 안정화시킨다. 3번 주입구로는 열수 또는 해수를 주입하여 가스 하이드레이트를 해리시켜 천연가스를 생산하고, 4번이 천연가스 생산정으로 활용된다. 아직까지는 기초 연구 단계이며, 상용화를 위해서는 혁신적인 기술 개발이 필요함을 인정하고 있지만, 자국 내 이산화탄소 격리 지역으로 유망함을 계속 주장하고 있다.

가스 하이드레이트 형태로 부존된 막대한 양의 천연가스 개발 생산과 이산화탄소 최적 격리 지역으로서의 유망함을 함께 생각하는 것은 허황된 얘기일 수 있지만, 실용화가 되면 에너지 생산과 온실가스 격리라는 두 가지 토끼를 취할 수 있는 '고위험 고소득(high risk-high return)' 기술이라고 할 수 있다. 열역학적 상평형을 비롯한 기초 물성 연구, 지층에서의 동적 거동을 살펴보기 위한 역학 연구, 이산화탄소 주입 및 천연가스 회수 신공정 연구 등은 향후 이 기술의 현실화를 위해 반드시 필요하다고 하겠다.

우리나라는 2005년 7월 가스 하이드레이트 개발 연구에서 선진국에 비해 낮은 수준을 극복하고 탐사와 분석, 생산 기술 확보를 위해 가스 하이드레이트 개발 사업단을 출범시킨 바 있다. 본격적인 실용화를 위한 발걸음이라 할 수 있다. 탐사 기술 수준도 점점 축적되어, 2008년 우리 기술진이 남극 해역에서 우리나라 연간 천연가스 소비량의 약 300년치에 달하는 가스 하이드레이트 60억 톤을 발견한 바 있다. 물론 이런 해외에서의 활동은 현재 다국적 컨소시엄을 통해서만 가능한 상태다. 이런 참여를 통해 좀 더 나은 탐사 기술과 개발 방법론 등을 축적해야 할 것이다. 왜냐하면 아직도 해결되지 못한 많은 문제들이 남아 있기 때문이다.

예를 들면 환경적인 측면에서 물과 가스 분자들은 서로 화학적 결합이 아닌 물리적 결합으로 이루어져 있어, 해리 조건에서 물과 가스로 분해되는데, 이렇게 분해된 메탄이 그대로 대기 중에 방출될 경우 현재 사용 중인 화석 연료 이상의 온실효과가 나타날 것이다. 실제로 최근 바닷물의 온도 상승과 이에 따른 농도, 압력의 저하로 해저의 메탄 하이드레이트가 녹아 메탄을 대기 중에 방출하는 현상이 관측되었다. 또한 지구 탄소의 순환 과정에 있어 안정성이 메탄 하이드레이트에 크게 의존하고 있다는 점도 간과해서는 안 된다.

한편 메탄 하이드레이트가 갑자기 녹아 대량의 메탄을 방출할 경우 버뮤다 삼각지대에서 발생한 선박, 항공기의 갑작스러운 실종과 똑같은 현상을 초래한다는 모의 실험 결과도 보고되고 있는 형편이다. 이외에도 수송 기술, 즉 파이프라인 모델 등에서 아직도 안정성이 미흡하다. 좀 더 적극적인 투자와 개발이 필요한 대목이다. 하지만 분명한 것은 하이드레이트가 차세대 에너지원으로서의 가치가 충분하다는 사실이다.

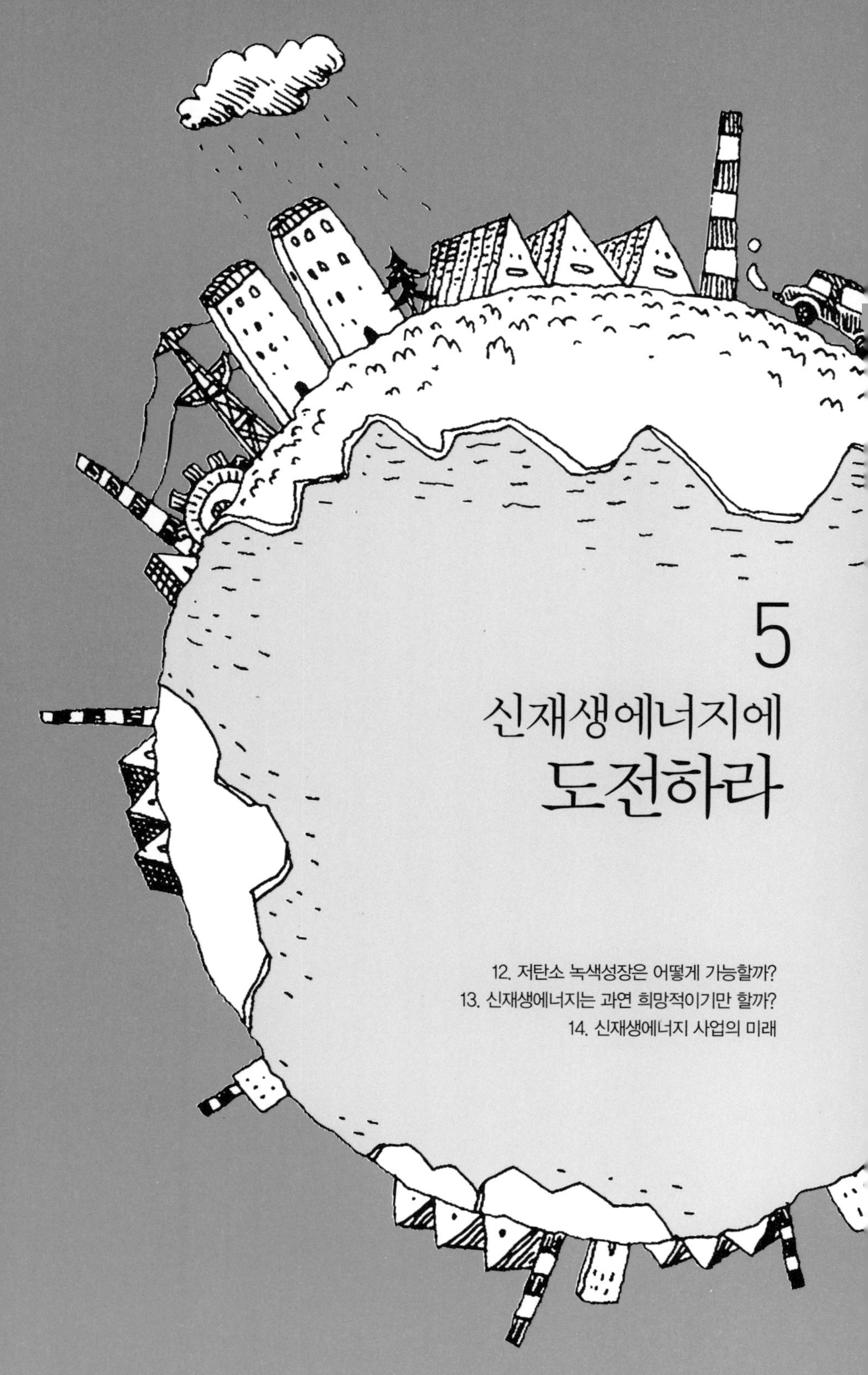
5
신재생에너지에
도전하라

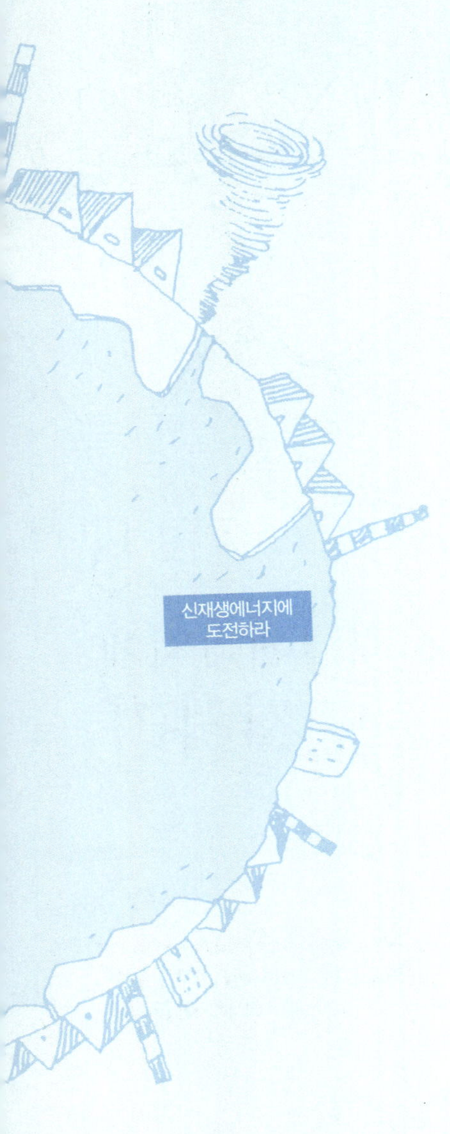

신재생에너지에
도전하라

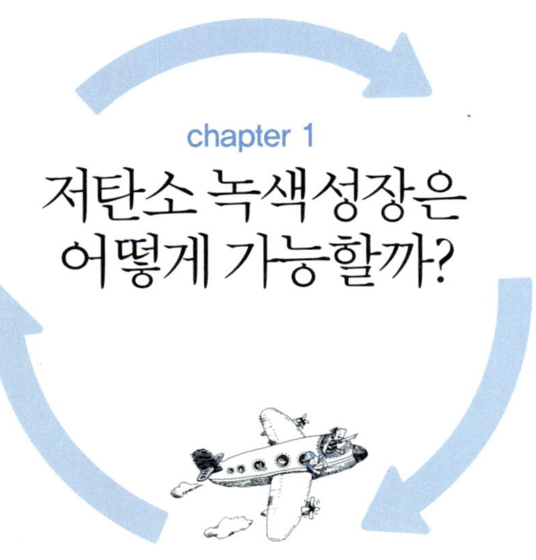

저탄소 녹색성장은 어떻게 가능할까?

최근 우리에게 새로운 단어 하나가 무척 가깝게 다가온다. '저탄소 녹색성장'이 그것이다. 지난 2008년 8월 15일 광복절 기념사를 통해 구체화된 이명박 정부의 새로운 성장 정책인 '저탄소 녹색성장'은 최근 신재생에너지와 관련하여 가장 뜨거운 이슈 중 하나다.

세계는 지금 기후변화로 상징되는 '환경 위기'와 고유가로 대표되는 '자원 위기'에 동시에 직면해 있다. 특히 기후변화 문제는 연이은 기상재해를 유발하는 것은 물론 생태계 질서를 근본적으로 뒤흔들며 인류의 생존을 위협하고 있다. 세계 각국은 에너지 시스템의 전환을 통해 환경 위기와 자원 위기를 극복할 뿐 아니라 일자리 창출까지 동시에 해결하려는 시도를 하고 있다. '저탄소 녹색성장' 또한 같은 위기에 직면한 우리 정부의 위기 타개책이자 중장기 성장 정책의 하나라고 판단한다.

이런 위기 의식의 핵심에는 전 세계의 에너지 소비 체계가 있다. 지금과 같이 '에너지 다소비 체제'가 지속될 경우 지구촌이 치러야 할 기후변화와 환경 문제에 따른 경제적 손실이 매년 세계 GDP의 5~20퍼센트에 달할 것이란 전망이 나올 정도다(「스턴 보고서(Stern Review)」2006). 중국을 비롯해 남미, 아프리카 등 신흥 개발도상국의 경제 개발과 세계 인구의 지속적인 증가가 에너지와 자원의 가격 상승을 가속화하고 있는 것도 사실이다. 이런 상황에서 녹색 기술, 녹색성장에 대한 이야기가 국가적 차원에서 제기되는 것은 어찌 보면 자연스러운 일이다. 이런 녹색 이야기 안에서 가장 중요한 것이 신재생에너지라는 것은 의심할 여지가 없다.

다시 국내 상황을 보자. 우리나라는 세계 10대 에너지 소비국이다. 그런데 이 에너지의 97퍼센트를 해외 수입에 의존하고 있다. 향후 온실가스 감축 의무가 부과될 경우, 우리나라 경제가 안게 될 부담은 상상 이상일 수 있다. 기후변화 문제가 심각해질수록 국제사회는 점차 강한 규제를 통해 각국의 탄소 배출을 강제할 것이다. 정부가 '저탄소 녹생성장'을 향후 60년의 새로운 국가 비전으로 제시한 것도 이런 세계적 트렌드의 변화를 대비한 선제적 포석인 셈이다. '저탄소·친환경'이야말로 새로운 성장을 이끌어낼 '전략산업'이라는 인식이 전 세계적으로 통용되는 상황에서 이미 단순 경제 성장 논리에 익숙한 우리에게는 더 이상 미룰 수 없는 과제적 성격을 가지는 것이기도 하다. 그렇다면 신재생에너지와 이 국가적 규모의 정책 기조와의 관계를 살펴보는 것은 매우 중요하다. 정부 스스로 60년 앞을 내다보는 계획을 제출했다고 천명했으므로, 신재생에너지를 산업 분야로서 주목하지 않을 수 없는 것이다.

정부에서 내놓은 1차 국가에너지기본계획에서 강조하고 있는 것은 크게 세 가지로 볼 수 있다. 첫째 석유 의존도 축소, 둘째 에너지 효율성 개선, 셋째 그린 에너지 산업 성장동력화다. 사실 이 세 가지가 서로 다른 문제는 아니다. 매우 긴밀하게 연관된 문제다. 우선 석유 의존도 문제부터 살펴보자. 정부는 2030년까지 2006년 대비 2퍼센트 정도의 석유 소비량 감소를 목표로 하고 있다. 석유 소비량의 2퍼센트를 줄인다는 것이 쉬워보일지도 모르지만 그 이면을 보면 쉽지 않은 목표라고 할 수 있다. 2030년까지 에너지 소비량이 28퍼센트 증가하는 것을 전제로 하고 있기 때문이다. 기본 계획에 따르면 전체 에너지 소비량은 28퍼센트 증가하지만, 여기서 원자력의 비중을 15.9퍼센트에서 27.8퍼센트로 증대시키고 신재생에너지 비율을 0.5퍼센트에서 11퍼센트로 상승시켜 석유의 의존도를 축소한다는 것이다.

그러나 문제는 원자력 발전은 석유 대체 효과가 논란이 되고 있는 상황이며, 신재생에너지 비율 11퍼센트 확대라는 것도 그 안에는 현재도 신재생에너지의 76퍼센트를 차지하는 폐기물 소각열량을 2.5배 증대시켜 비율을 높이려 한다는 사실이다.

특히 우리가 주목하는 문제는 신재생에너지 비율 증대의 핵심이 폐기물 소각을 통해 이루어진다는 점이다. 현재도 신재생에너지 중 폐기물 소각에 의한 비중이 너무 높아 실질적인 신재생에너지의 의미를 살리지 못하고 있다는 지적이 많은데, 2030년에 신재생에너지 비율이 11퍼센트로 증가하면 폐기물에 의한 에너지가 현재의 2.5배 이상 증가하게 됨으로 폐기물 처리 시스템이 왜곡될 우려가 있다. 실제로 재생에너지에 대한 국제 통계는 우리나라의 재생에너지 비율을 2006년도에 0.5퍼센트로 기록하고 있는데, 이는 폐기물 소각 에너지를 재생에너지에 포함시키지 않았다는 것을 의미한다. 소각이라는 방법 자체가 자원의 순환을 저해하는 지속 가능하지 않은 방법일 뿐 아니라 에너지 자원의 지속 가능성을 높이기 위해서는 재생이 불가능한 자원의 소비를 재생 가능한 에너지로 대체해야 한다는 점에서도 이는 적합하지 않다. 이를 신재생에너지로 묶는 것 자체가 지속 가능성에 대한 몰이해이거나 의미의 의도적인 희석이라고 할 수 있다. 하지만 정부는 이에 그치지 않고 '저탄소 녹색성장'에 원자력까지 포함시키고 있다. 아래 그림은 신재생에너지의 구성을 보여준다.

2030년 신재생에너지의 구성

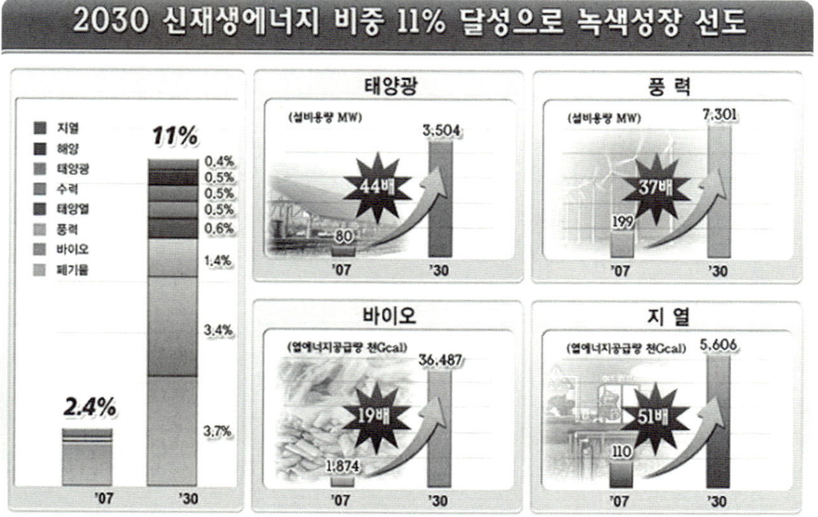

• 자료 : 「제1차 국가에너지기본계획」(2008)

게다가 바이오에너지의 증가도 앞서 살펴본 바와 같이 국제 곡물가의 폭등과 식량 문제들과 연동되어 있어 지속 가능한 성장 차원에서 타당한지 여전히 검토해야 할 문제가 많은 분야다.

또한 그린 에너지 산업 성장동력화의 문제도 그리 긍정적이지만은 않다. 미국이 2017년까지 석유 소비량을 20퍼센트 줄이는 목표를 설정한 것이나 중국이 2010년까지 에너지 사용량을 20퍼센트, 2020년까지 30퍼센트 줄이는 목표를 설정하고 있는 것은 전적으로 신재생에너지의 확대를 염두에 둔 계획이다. 국제에너지기구(International Energy Agency)의 「세계에너지보고서 2008」에 따르면 2030년까지 세계의 재생에너지 생산은 연 7.2퍼센트씩 증가해 2030년에는 OECD국가의 전력 생산량에 있어서 재생에너지 생산량의 비율이 화석 연료나 원자력에 의한 비율보다 높아질 것이며, 세계의 원자력 에너지 비율은 현재의 6퍼센트보다 5퍼센트로 오히려 낮아질 것으로 전망하고 있다. 원전의 기술이 앞섰던 독일이나 일본이 재생에너지 기술에 가장 앞서 있는 점이나 현재 원자력의 비중이 가장 높은 프랑스가 사르코지 대통령 취임 이후 장기간에 걸친 사회적 대화를 통해 2018년까지 에너지 사용량의 20퍼센트를 재생에너지로 충당하기로 합의한 바는 우리 정부가 새겨보아야 할 부분이다.

재생에너지로서 의미가 희박한 폐기물 소각이 절대적인 비중을 차지하는 한 2030년 11퍼센트 달성이라는 우리의 목표가 매우 초라해 보일 수밖에 없다. 이미 많은 비판을 받았지만, '저탄소 녹색성장'을 위한 '녹색뉴딜' 예산 약 50조 중에 '4대강 정비' 토목공사에 32조가 투여된다는 사실은 이번 정책이 실제로 신재생에너지 각 분야에 투자되는 것은 미미할 것임을 반증하고 있다. 이러한 사실들은 '저탄소 녹색성장' 정책에 대한 과도한 기대를 버릴 것을 주문하고 있다.

녹색성장의 개념은 에너지를 중심으로 한 지속 가능한 발전을 위한 새로운 전략이다. 완전히 새로운 패러다임을 요구하는 것이다. 녹색성장이라는 용어를 공식 사용했던 '아시아태평양 경제사회위원회(ESCAP)'는 "성장은 기존의 단순한 GDP의 증가를 의미하는 것이 아니라 생태적 효율성 증가, 화폐로 표시되지 않는 재화 총량의 증가, GDP의 증가로 인한 국민들의 복지의 증진, 자연 자본의 성장과 복원을 통한 생태적 자본의 증가를 의미하는 개념"이라고 정리한 바 있다. 과연 오늘 우리의 '저탄소 녹색성장'이 신재생에너지의 문제를 주변화하고 이 같은 긍정적 의미의 결과를 얻을 수 있을 것인가 깊은 고민이 필요하다.

chapter 2

신재생에너지는 과연 희망적이기만 할까?

　이러한 국가적 차원의 정책 및 예산 지원과는 별도로 신재생에너지의 개발과 확대를 둘러싼 난점들이 존재한다. 특히 우리나라에 맞게 연구개발을 하기 위해서는 여건과 상황들에 대한 면밀한 진단이 필요하다. 이것들은 여전히 우리가 하나하나 해결해나가야 할 문제들이다. 대표적인 것들을 살펴보도록 하자.

　우선 바이오 디젤의 경우도 우리에게는 마냥 낙관적인 것만은 아니다. 전 세계적으로 바이오 연료 생산에 사용되는 원료는 곡물이어서 원료 수급의 불안정성 문제를 근본적으로 안고 있다. 이러한 문제는 우리나라의 경우 원료를 해외 수입에 거의 의존하므로 더욱 심각하다. 따라서 국내의 경우 바이오 디젤 생산 원료를 국내에서 조달하여 원료의 수입 의존성을 줄이려는 방안이 적극 모색되고 있다. 이러한 노력의 일환으로 버려지는 폐식용유를 바이오 디젤 생산 원료로 사용하기 위한 방안이 검토되었다. 현재 국내에서는 매년 100여만 톤의 식용유가 소비되고 약 20여만 톤의 폐식용유가 발생하는 것으로 추정되지만 환경부에서 발간하는 환경 통계 연감에 따르면 현재 폐식용유의 회수 양은 약 8만 톤이고 대부분 사료 제조 원료로 활용되고 있다는 점을 고려할 때 바이오 디젤 생산 원료로 활용 가능한 폐식용유의 양은 약 10만여 톤에 이를 것으로 판단된다. 하지만 국내 폐식용유 회수 체계가 제대로 구축되지 않아 대부분의 폐식용유가 버려지고 있다. 따라서 이러한 부분이 보완된다면 폐식용유의 무단 폐기에 의한 환경 오염 방지뿐만 아니라 바이오 디젤 원료용 기름 수입도 상당 부분 절감할 수 있을 것으로 기대된다.

바이오 디젤 생산 원료의 국내 조달 방안으로서 검토되는 또 다른 방안은 국내 휴경지를 이용하여 유지 작물을 경작하는 것이다. 농림부에서는 겨울철 휴경지를 이용한 유채 경작 사업의 타당성 검증을 위한 시범 경작을 전라남북도 및 제주도 등에서 시행 중이다. 이러한 사업이 현실화되면 국내 농민들에게는 소득 증대의 효과가 있으며, 국가적으로는 해외로부터 수입하는 바이오 디젤 원료의 수입 절감 효과를 기대할 수 있다. 이와 같은 자국 농민 보호 수단으로서 바이오연료 생산용 작물의 경작은 해외 선진국에서는 널리 이용되고 있다. 이러한 대표적인 사례로는 미국의 옥수수 경작과 유럽연합의 농경지의 의무적 휴경지에 바이오 디젤 생산용 유채 경작을 허용하는 제도 등이 있다. 하지만 이러한 농민 보호를 위한 농작물 경작 및 바이오 연료용 농작물 재배는 막대한 농업 보조금을 필요로 한다는 문제점이 있다.

농림부에서 시행한 겨울 유채 시범 경작(전남 보성, 500ha).

바이오 연료 사업의 안정성 확보를 위해서는 원료 수급의 안정성이 가장 중요하다는 인식하에 원료 자급 기반이 취약한 유럽연합과 우리나라 등에서 적극적으로 검토하는 방안은 해외에서 에너지 작물을 상업적으로 경작하는 것(plantation)이다. 실제 많은 바이오 연료 사업체들이 동남아 및 아프리카 등 개발도상국에서 생산성이 높은 작물 또는 비식용 작물을 경작 중이다. 이러한 개발도상국에서의 에너지 작물 경작 사업은 사업 착수자에게는 원료의 안정적 공급 기반을 제공할 뿐만 아니라 경작지 제공 국가에 대해서는 현지인 일자리 창출이라는 상호 윈-윈 관계가 성립하는 이상적인 사업 모델로 인식되고 있으며 점차 확대될 전망이다. 하지만 현재는 사업 초기 단계여서 사업 주체 간에 신뢰가 충분히 형성되지 않아 불확실성이 높다는 점이 사업 추진에 걸림돌이 되고 있다.

우리나라에서 다소 비율이 떨어지는 태양광 발전의 경우도 여러 가지 난점을 가지고 있다. 가장 큰 난제는 설치 면적이다. 일반적으로 태양전지 모듈의 변환 효율을 12퍼센트로 가정하면 1kW의 전력을 생산하기 위한 최소 면적은 8.3제곱미터 정도다. 이것은 태양광 모듈의 이격거리 및 전력변환장치의 설치 면적 등을 고려하지 않은 것으로 이들을 모두 고려한다면 최소 3배 이상의 면적이 필요하다는 계산이 나오므로 국토 면적이 작고 인구 밀도가 높아 건물이 많고 토지 비용이 높은 도심 지역에는 엄두가 나지 않는다. 따라서 대규모의 집중 배치형(태양광 모듈을 한 사이트에 집중적으로 배치하는 설치 형태) 태양광 발전소의 경우 대부분 공간이나 토지 비용 면에서 큰 부담이 없는 농어촌 지역에 주로 설치한다. 하지만 도심지에도 분명히 태양광 발전의 필요성이 있는 바, 건물이 많고 유휴지가 거의 없어 설치 면적이 부족한 도심지의 경우에는 분산 배치형(모듈 배치를 건물 및 여러 유휴지로 분산시켜 설치 면적의 효율을 높이는 태양광의 설치 형태) 발전 형태를 취하는 것이 그 해결책이 될 수 있다. 한편 태양광 기술의 원론적인 문제라고 볼 수 있는 '태양광은 일사량에 의존한다'는 사실도 걸림돌이다. 즉, 일사량이 좋지 않은 우천 시나 일사량이 없는 야간에는 발전을 할 수 없다는 것이 그 두 번째 문제점이다. 이것은 기술의 특성상 완전히 해결할 수 없는 문제다. 따라서 일사량이 낮을 때에도 효율을 높이는 태양전지의 개발이나 야간에 전력을 사용하기 위한 고성능 배터리 기술의 개발 등이 필요하다. 또한 배터리의 수명 문제나 수명이 다한 배터리의 처리 문제도 여전히 해결 과제다.

CCS(이산화탄소 포집 저장) 기술은 에너지원이 화석에너지에서 무탄소

에너지(수소)로 이동하는 과정에서 과도기적으로 화석에너지 이용을 지속할 수밖에 없을 때 지구온난화를 완화하기 위한 가교 기술이다.

2007년 13차 기후변화 당사국 총회에서부터 CCS 기술의 CDM(청정 개발 체제) 사업화가 논의되고 있다. 기술의 수혜국에서는 적극성을 보이고 있으나 다른 국가에서는 일부 우려를 보이고 있다. 구체적으로 살펴보면, CCS의 기술 잠재성은 기본적으로 인정되며, 대부분의 선진국(미국, 캐나다, 영국 중심)뿐 아니라 개도국(중국, 사우디, 아프리카 중심) 역시 이를 지지하고 있다. 이는 선진국에서는 대부분 이미 상당 수준의 기술을 보유한 정유 회사를 보유하고 있기 때문이며, 개도국의 경우에는 대규모 저장 사이트가 가능한 국가들로서 국토 면적이 크고 대규모 탄광을 보유한 예상 수요국이기 때문이다.

그러나 일부에서는 CCS 기술의 비영속성(non permanence), 누출(leakage) 가능성, 책임성(future liability), 신재생에너지 투자 감소 등의 이유로 CDM화를 찬성하고 있지 않다. 또한 대량의 이산화탄소를 처리하기 위해서는 대규모 장치가 필요하며, 동시에 저장을 위한 지구상의 대규모 지하 공간 마련도 필요하다. 더불어 저장 후 누출에 대한 장기간 영향 평가가 이루어져야 한다. 따라서 이와 같은 문제를 해결하기 위해서는 재정적·시간적 투자가 절대적으로 필요하다.

CCS 기술이 해결해야 할 기술적 난제로는 비용 저감, 국가별 저장 공간의 편재, 상용화를 위한 대중적 이해(public acceptance) 등을 들 수 있다. 첫째로 CCS 비용에 있어서, 이산화탄소 포집 및 저장 비용은 이산화탄소 톤당 40~90달러이며 포집 비용만도 이산화탄소 톤당 40~60달러다. 현재 이와 같은 비용으로 이산화탄소를 처리하기에는 비용이 너무 높다. 따라서 현재 상용화된 CCS에 대한 혁신적 개념을 도입한 새로운 기술 개발이 있어야만 경제적으로 유용한 기술로 활용될 것이다. 둘째로 이산화탄소 포집 후 장기간 격리를 위한 저장 공간은 일부 국가만이 가지고 있음을 알 수 있다. 즉, 미국, 러시아, 캐나다, 호주, 사우디아라비아, 중국 등으로 석탄, 유전, 가스와 같은 화석 연료의 매장량이 풍부한 국가가 저장소를 많이 가지고 있다. 따라서 향후 CCS가 상용 기술로 이용될 경우에 지역적으로 편중된 저장소를 어떻게 활용하느냐에 따라 기술의 이용성이 좌우될 것이다. 또한 이와 같은 문제는 향후 국제적으로 해결할 중요한 과제인 것이다.

셋째로 CCS에 대중적 이해가 선행되어야만 기술의 활용성이 증대될 것이다. CCS는 저장 후 장기간의 누출에 대한 안전성이 확인되어야 환경 단체로부터 지구온난화 완화 기술로 환대받을 수 있을 것이다. 이러한 상황에서 최근에는 CCS 기술보다 산림 녹화 작업이 훨씬 낮은 비용으로 이산화탄소를 줄일 수 있다는 연구 결과가 나와 다시 한 번 논쟁이 일어나고 있는 상황이다.

신재생에너지 사업의 미래

다소 산만하지만 신재생에너지와 관련하여 벌어지고 있는 국내외의 논쟁들과 기술적 난점들을 살펴보는 것은 무조건적인 낙관이 필요한 상황이 아니라는 점을 강조하고 싶기 때문이다. 신재생에너지 관련 기술은 이제 막 태동한 기술이기도 하거니와, 단순히 기술적 문제가 아니라, 정치적·경제적인 여러 가지 국제 관계와 산업적 고려가 필요한 문제다. 또한 단순히 일개 기업적 차원에서 성공하느냐 마느냐 하는 수준이 아니라, 얼마나 국가가 지속적이고 일관된 정책으로 추진하느냐, 또는 어떤 철학과 장기적 계획을 가지고 투자하고 활성화하느냐의 문제이기도 한 것이다.

오래된 영화 〈백투더퓨처〉에서는 미래에서 날아온 비행자동차가 알루미늄 캔들을 구겨 넣어 간단히 원자력 연료로 전환하는 장면이 나온다.

그 영화를 보면서 정말 저런 세상이 올까 한참 궁금해했던 사람들이 많을 것이다. 사실 신재생에너지의 궁극적 결과는 영화에서 보여지는 것과 다를 바 없을지도 모른다. 하지만, 지금이 그때는 아닌 것이다. 그런 낭만적이고 환상적인 미래를 지시하는 것이 신재생에너지가 아니다.

오히려 더욱 산업적으로 치밀한 고찰이 필요하고, 자연과 인간과의 복잡한 연계지점들에 대해 연구해야 할 것이 산적해 있으며, 석유처럼 한 세기 동안 인류를 발전시키고 편리의 세계로 이끌면서도 동시에 그에 상응하는 대가를 치르게 했던 에너지가 아닌, 전혀 새로운 것을 생산해내는 것이 신재생에너지다. 이것이 우리가 좀 더 폭넓은 시선으로, 그리고 깊이 있는 시선으로 신재생에너지를 바라봐야 할 이유인 것이다.

지구온난화에 대한 거대한 사기극?

유명 음료 광고에 등장하는 하얀 북극곰. 이들이 실상 얼마나 위험한 동물인가와는 무관하게 그 외모만으로도 우리들에게 친근하게 다가온다. 판타지 영화에서 우여곡절을 겪는 용감한 주인공으로 등장하는 '말하는' 북극곰은 외모부터 신화적이다. 눈처럼 희고 거대한 북극곰은 신비함과 친근함을 동시에 갖춘 캐릭터로 우리에게 잘 알려져 있다. 그래서인지 북극곰은 지구온난화가 가져올 재앙을 경고할 때마다 항상 멸종 위기에 처한 동물 중 첫손가락에 꼽힌다. 특히 그린피스, 세계자연보호기금(WWF) 등 국제 환경단체들은 '지구를 살리자'는 피켓 시위를 벌일 때 북극곰 캐릭터 분장을 빼놓지 않을 정도로 상징적인 동물이 되었다. 환경문제에 다소 둔감한 우리나라에서조차 백화점에서 상품과 연계한 북극곰 살리기 캠페인을 한다. 이러한 환경론자들의 주장은 '지구온난화 →

북극 빙하 감소 → 북극곰 멸종'이라는 도식으로 요약된다.

그러나 최근 들어 이러한 직접적인 도식은 잘못된 것이라는 주장이 나왔다. 영국 일간지《타임스》인터넷판은 2007년 11월, "북극곰의 수가 오히려 늘어났으며 환경단체들도 이러한 사실에 곤혹스러워하고 있다"고 전했다. 지구온난화로 인해 북극곰들에게 삶의 터전인 북극해 빙하가 지속적으로 줄어들었는데도 북극곰은 사람들의 관심과 보호를 받으며 1950년대 5,000마리에서 현재는 2만 5,000마리로 50여 년 사이에 5배나 증가했다고 이 신문은 밝혔다. 심지어 러시아는 북극곰의 수가 늘어나자 1973년 '북극곰 보호협정' 체결 이후 금지해온 북극곰 사냥을 올해부터 허용할 방침이라는 소식까지 전했다. 캐나다, 미국, 러시아, 노르웨이, 덴마크(그린란드)가 맺은 이 협정은 스포츠 목적의 사냥을 금지하는 한편 북극곰 굴과 이동 지대를 보호하도록 규정했다. 현재까지 러시아와 노르웨이는 모든 형태의 사냥을 금지하고 있고, 미국과 캐나다, 덴마크는 원주민의 생계 목적의 사냥만 허용하고 있었다.

물론 이 사례를 통해 환경론자들의 주장이 모두 과장이거나 부정되어야 할 것이라고 주장하는 것은 무리가 있다. 하지만 환경론자들이 이 북극곰의 증가 사례를 놓고 온난화가 없어서 개체 수가 늘어난 것이 아니라 협정을 통한 보호의 결과라고 변명하는 것은 옹색해 보인다. 결국 이런 변명은 그들의 주장처럼 지구온난화가 북극곰 보호로 직선적으로 연결되는 인과관계가 아니라는 반증이기 때문이다. 개체 수의 문제가 단순히 지구온난화에 달린 문제가 아님에도 그렇게 이야기해왔다는 것을 실토하는 모양이 되어버린 것이다.

이것은 환경 문제에 우리가 생각하는 것보다 훨씬 복잡한 이면이 숨어 있을 수도 있다는 것이다. 이런 문제와 관련하여 더욱 논쟁적인 사안도 있다.

영국 방송사인 채널4에서 제작한 〈거대한 지구온난화 사기극(The Great Global Warming Swindle)〉이라는 다큐멘터리가 그것이다. 이 75분짜리 긴 다큐멘터리는 기존의 환경론자들의 주장을 정면으로 부정한다. 방송의 핵심 내용을 정리하면 다음과 같다.

지구온난화가 인간의 산업화에 의해 발생했다는 것은 과학적 근거가 없다는 것이다. 지구온난화 이론은 인간의 산업 활동 때문에 이산화탄소가 증가해 온실효과가 발생하고, 이로 인해 지구온난화가 이루어지고 있다고 주장한다. 하지만 산업혁명 이전에 중세에도 온난기가 있었으며 흔히 말하는 재앙이 아니라 따뜻했기에 농작물들이 풍성했던 부의 시기였다고 한다.

제2차 세계대전 이후인 1940년대부터 1970년대의 경제 붐 시기는 인류의 산업 활동이 가장 활발한 시기였다. 하지만 이 시기에 오히려 온도가 낮아졌다는 사실로 비춰볼 때 인간의 산업 활동과 지구 온도의 상승은 연관이 없다는 것이다. 과학적으로 이산화탄소는 지구 대기의 0.00127퍼센트 정도를 차지하며 거의 영향을 주지 않는다고 한다. 사실 이산화탄소의 증가가 지구의 온도를 상승시키는 것이 아니라, 지구 온도의 상승이 이산화탄소의 증가를 가져오는 것이다. 즉, 온난화 주장의 선후 관계가 뒤바뀌어 있다고 지적한다. 지구의 온도를 상승시키는 주요인은 태양의 활발한 활동(흑점수의 변화로 측정 가능)에 따른 태양풍의 증가로 퀘이사에서 발생해 지구로 쏟아지는 방사선(cosmic rays)의 양이 감소하기 때문이다. 이 방사선은 대기상의 입자들과 충돌하여 구름을 생성하는데 구름의 양이 줄어들면 지구의 온도가 높아진다.

그렇다면 이산화탄소는 지구 온도에 전혀 영향을 끼치지 않는가? 물론 그것은 아니다. 이산화탄소는 분명 온실 기체이며 대기 중에서 차지하는 이산화탄소의 농도가 증가하면 지구의 온도도 올라가는 효과가 있다. 그러나 온실 기체 중 이산화탄소의 비중은 매우 낮다. 실제로 가장 막강한 온실가스는 대기의 대부분을 구성하고 있는 수증기다.

이 다큐멘터리가 밝히는 가장 흥미로운 지점은 인류의 이산화탄소 배출 증가로 발생한 온실효과가 초래한 지구온난화라는 이론이 힘을 얻게 된 과정이다. 1980년대 마거릿 대처(Margaret Thatcher, 1925~) 전 수상은 광부 노동자들의 파업에 맞서기 위해 원자력에너지 개발에 관심을 가지게 된다. 이산화탄소가 적게 발생하는 원자력의 유효성을 부각시키기 위해 과학자들에게 엄청난 예산을 지원하게 되고 거기에 맞추어 이론을 만들어낸 것이다. IPCC 역시 이때 생겨났다는 것이다. 결국 환경 문제는 이슈화되었고, 1990년대 초 공산주의의 몰락과 더불어 갈피를 찾지 못하던 좌익 정치 세력들이 환경운동가로 전환하면서 급격히 발전하게 되었다는 것이다. 우익인 대처에 의해 만들어진 지구온난화 이론이 좌익 정치 환경운동가들의 무기가 된 것이다.

결국 지구온난화는 환경운동가의 탈을 쓴 정치 세력에 의해 대중들에게 각인되어버렸고 정설이 되어버린 것이다. 환경운동이 주류적 영향력을 획득하자, 과학자들은 연구비를 위해 그리고 매스컴은 이슈를 위해 인간에 의한 지구온난화를 지속적으로 정론화하고 있다는 것이다.

전 세계가 저탄소 녹색성장을 이야기하는 가운데, 이산화탄소가 지구온난화의 핵심 원인이 아니라고 정면으로 반박하는 이 다큐멘터리는 사뭇 충격적이기까지 하다. 더구나 신재생에너지는 석유 자원 고갈이라는 당면 문제와 환경 문제, 즉 저탄소 문제와 직접적으로 연관되어 있는 사안이기에 더욱 생각해야 할 점이 많은 것이다. 예를 들어 하이브리드카는 수소 연료나 바이오 연료 등의 개발과 밀접한 관련이 있는데, 가장 먼저 하이브리드카의 배타적 사용을 규정한 미국 캘리포니아 주의 입법 덕분에 그 개발과 연구가 급물살을 탔던 점을 기억할 필요가 있다.

우리가 단순한 근거와 논리로 석유 자원은 낡고 나쁜 것, 신재생에너지는 새롭고 좋은 것으로 생각하는 것은 많은 오류를 낳을 수 있다는 것이다. 정치적인 배경과 과학적인 치밀함이 전제되어야만 환경과 에너지에 관한 큰 그림을, 그리고 올바른 방향을 찾을 수 있을 것이다. 그런 의미에서 다음과 같은 미국 내 환경 운동에 대한 비판에 귀를 기울여 보는 것은, 우리의 판단에 새로운 시야를 제공하는 기회가 될 것이다.

"미국인들은 세계은행(World Bank)의 수석 경제학자가 공해 산업을 제3세계로 이전시키는 것이 좋은 일이라고 했을 때, 이구동성으로 환영

해야 했을 것이다. 대부분의 경제학자들에게는 이는 미국인뿐만 아니라 '모든 사람'의 후생을 증가시킬 수 있는 명백한 기회다. 부유한 국가의 사람들은 더 맑은 공기라는 사치를 위해 소득을 희생할 여유가 있다. 반면 가난한 국가의 사람들은 소득을 증가시키기 위해 기꺼이 좋지 않은 공기를 마시려 한다. 그러나 세계은행의 경제학자가 제안한 내용이 언론으로 흘러들어 갔을 때, 일부 환경단체들은 발끈했다. 그들에게 있어서 오염은 죄악의 한 형태다. 그들은 우리의 후생을 개선하려는 것이 아니라 우리의 영혼을 구원하려고 한다. (중략) 벌목 산업에 보조금을 지급하고, 살충제를 사용하고, 계획에 따라 멸종시키고, 멕시코에 공해를 수출하는 것 등은 환경주의자의 교리문답에 포함되어 있지 않다. 대중교통 수단에 보조금을 지급하고, 촉매 컨버터를 사용하고, 계획에 따라 연료 절약 기준을 마련하고, 미국 북서부 지역에서 산업을 수출하는 것 등이 환경주의자들의 절대적인 교리의 일부다. 환경주의자들의 해결책들은 실제적인 유용성이 아니라 환경주의의 교리에 일치하느냐의 여부에 따라 분류되는 것이다.

— 스티븐 랜즈버그의 『런치타임 경제학』(바다출판사) 중에서

이 글은 오늘날 환경론자들이 다양한 정치적 관계 속에서 비판받거나 재평가되어야 할 측면이 많다는 것을 보여준다. 그러나 이 모든 비판적 관점에서의 접근들을 인정한다고 해도 우리가 피해갈 수 없는 대전제는 여전하다는 것을 확인할 수 있다. 그것은 유한한 화석 연료와 다양한 원

인에 의해 피폐화되고 있는 지구라는 사실이다. 이산화탄소로 인한 문제가 아니라 하더라도 지구는 뜨거워지고 있고 여기저기 산과 강, 공기가 더럽혀지고 있다는 사실은 변함이 없다. 신재생에너지는 이러한 가시적인 문제들을 인류 스스로 극복할 기회를 만들고자 하는 노력의 일환이다. 지속 가능한 발전을 꿈꾸면서도 자연친화적이고 조금이라도 더 나은 환경을 만들고자 하는 인류의 노력이 집약된 결과물이 신재생에너지라고 할 수 있다. 현실을 비판적인 관점에서 다양한 과학적 근거와 사회·정치적 관점으로 바라보는 작업과 함께 장기적이고 적극적인 관점에서 신재생에너지 산업에 대한 관심을 집중해야 할 이유가 여기에 있는 것이다.